从小学点

物理

PHYSICS

魏怡 著

江西美术出版社
全国百佳出版单位

图书在版编目（CIP）数据

从小学点物理 / 魏怡著 . -- 南昌：江西美术出版
社，2022.1
　　ISBN 978-7-5480-8356-6

Ⅰ. ① 从… Ⅱ. ① 魏… Ⅲ. ① 物理学－少儿读物
Ⅳ. ① O4-49

中国版本图书馆 CIP 数据核字（2021）第 092845 号

出 品 人：周建森
企　　划：北京江美长风文化传播有限公司
责任编辑：楚天顺　朱鲁巍　　策划编辑：朱鲁巍
责任印制：谭　勋　　　　　　封面设计：韩立强

从小学点物理
CONGXIAO XUEDIAN WULI

魏　怡　著

出　　版：江西美术出版社
地　　址：江西省南昌市子安路 66 号
网　　址：www.jxfinearts.com
电子信箱：jxms163@163.com
电　　话：010-82093785　　0791-86566274
发　　行：010-58815874
邮　　编：330025
经　　销：全国新华书店
印　　刷：北京市松源印刷有限公司
版　　次：2022 年 1 月第 1 版
印　　次：2022 年 1 月第 1 次印刷
开　　本：889mm×1194mm　1/32
印　　张：4
ISBN 978-7-5480-8356-6
定　　价：29.80 元

前言

PREFACE

　　科学是人类生存和发展的智慧结晶，可以给世界带来翻天覆地的变化。如今是一个科学大爆炸的时代，科学处在不断的变化、发展和更新之中，青少年了解了科学体系的概貌，形成与之相匹配的知识结构，才能够与时俱进地进行知识更新，才能透彻理解和轻松应对有关的各种科学问题。

　　在过去的一二百年中，物理学取得了空前的发展，涌现出很多新理论、新观念，其影响超越了物理学领域，深刻改变了人们对世界的认识。本书以独特的视角，深刻而生动地反映了近现代物理学的发展。

　　本书的编撰宗旨是"权威、全面、前沿"，选取前沿的科学概念和数据，紧跟科技发展潮流，阐述物理学最基础的理论和概念。内容涵盖中小学必学的六大物理学主题，有助于孩子更好地学习初高中物理学知识。通过物理概念有逻辑的串联，将知识融会贯通，形成知识网络，打破学科壁垒。

本书的特点是在介绍物理学概念的同时，引入了可用这些概念来解释的日常现象，强调了物理学的实用性及其与日常生活的关联性。通过阅读本书，能够真正感受到"世界是建立在物理规律的基础上的"，从而培养孩子自主学习物理的能力，让孩子在不知不觉中认识物理、学习物理、玩转物理。

全书选配了100余幅图片，或是实物照片、现场照片，或是手绘插图，更有有大量原理示意图和结构清晰、解析详尽的分解图等，再配以准确详尽的图注，与文字相辅相成，帮助读者形象、直观地理解各个知识点。

目录
CONTENTS

物质的属性

气体和水蒸气 2
气压的应用 6
液 态 10
固 态 14

力和能量

运动中的物体 18
重 力 22
机械能 26
热 能 30

电和磁

磁铁和磁场 34
电 流 38
发 电 42
电 磁 46
电动机 50
电和其他能量 54

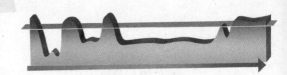

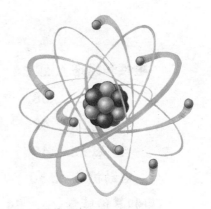

电子学和半导体 58

声能

声　速 62

超　声 66

次　声 70

录　音 74

光和光谱

光的产生 80

反射和折射 83

散射和折射 87

激　光 91

不可见辐射 95

无线电波 98

原子内部结构

亚原子粒子 102

核裂变 106

核聚变 110

波和粒子 114

量子物理学 118

物质的属性

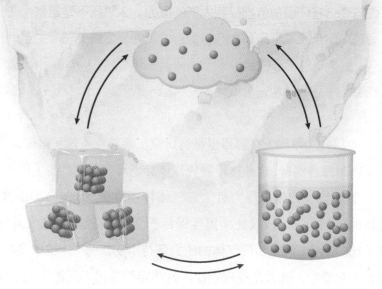

气体和水蒸气

气体或水蒸气是物质最简单的形式之一（说"之一"是因为等离子体被看作类似的简单形式）。它没有结构，由大量不受约束的粒子（原子或分子）组成。粒子个体有质量，意味着某些气体的质量比别的气体的大。原子和分子在持续地运动，因此它们有动能（即运动能），动能的大小主要取决于它们运动的速度，运动的速度则取决于气体的温度：温度越高，分子运动速度也就越快。我们最熟悉的空气，受地球引力的作用，吸附在地球表面。气体压力是一种强大的自然力。大气中的力或气体压力是由所有气体分子的重量产生的，大气中任何物体在任何部位都受到大气的压力。大气压不是常数，海拔越高则越小。气压和大气温度的偶然局部变化，就产生了天气。如果气体分子受热，则气压降低，热空气上升，周围质量较重的冷空气就冲进来取代热空气原来的位置，于是产生了风。

大部分气体被装在容器里进行研究。移动粒子相互碰撞，并且不断碰撞容器壁，这种碰撞就使气体分子对容器壁产生了压力。

如果给气体施加压力过大，气体体积就会变小，被压缩的气体的体积与压力成反比（温度保持不变时）。这就是波义耳定律（1662年）。但是如果气体的压力保持不变，当气体被加热时，体积就会增加，这就是查理定律。这些定律描述了气体压力、温度和体积的关联。这些定律可以数学公式表示，假设气体的体积

　　热气球升空就是气体规律运用于实践的很好例子。热气球内的空气被安装在气球下面的火炉加热，体积膨胀，并且热空气比气球周围的冷空气密度小，所以气球升空。一旦升空，气球的移动还受到当地天气状况产生的气流的影响。气体物理学的研究精确地解释了这一现象，使气球可以按设计安全地在空中飞行。

是 V、压力 p、绝对温度（高于绝对零度的温度）为 T，则波义耳定律可用公式表示为：$pV=$常量；查理定律的公式为：$V/T=$常量；从上面的公式可以推导出气体三定律的公式：$p/T=$常量（体积一定时，压力与温度成正比）。气体三定律可以用来解释热气球内部的空气被加热时，气球上升的原因。

分子运动论还能解释其他气体现象。例如，气体装在一个多孔容器，会经过材料中的微小孔逐渐丧失气体粒子。更轻的气体的原子或分子的动能更高，因而它们的运动速度更快，能够更加迅速地从容器壁扩散出去。19世纪中期，苏格兰物理学家托马斯·格雷厄姆发现：气体以这种方式扩散的速率与气体密度的平方根成反比。该定律有非常重要的应用，比如，在核工业中，铀元素的两种主要的同位素（原子的变体）必须被分离开，以使其作为核燃料足够"丰富"。分离的方法是先把它们制成气体化合物，然后让它们经过多个过滤器扩散。质量较轻的同位素密度较小，扩散比较快。

1801年，英国物理学家约翰·道尔顿得到了又一个重大发现：装有混合气体的容器中，某一气体在气

枫树的种子在空气中下落时，种子"翼"上表面和下表面之间的压力差导致其下落时的运动轨迹呈螺旋状。直升机的飞行原理与此相似。

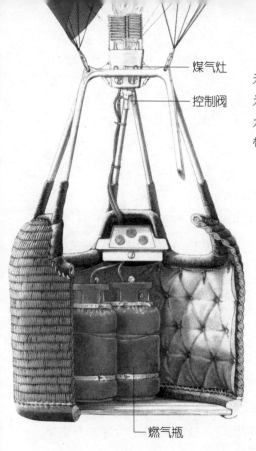

煤气灶
控制阀
燃气瓶

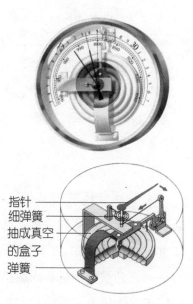

气压计被用来测量大气压。无液气压计的基本结构是一个内部为真空状态的金属盒，随着空气压力的变化，金属盒产生变形，从而带动金属盒表盘上的指针移动。

指针
细弹簧
抽成真空的盒子
弹簧

体混合物中产生的分压等于它单独占有整个容器时所产生的压力。单种气体的粒子间相互碰撞（不会干涉进入其他气体中），并不断地碰撞容器壁，对其产生压力。

1811 年，意大利物理学家阿莫迪欧·阿伏伽德罗提出的理论认为：一切气体，在相同温度和压力下，相同的体积中含有相同数目的分子。一个质量较轻的元素（氢的分子量是 2）和一个质量较大的分子（比如二氧化碳）的摩尔质量中的粒子数相同。数值 6.0221367×10^{23}，称为阿伏伽德罗常数，用于计算参加化学反应的原材料的数量。

气压的应用

船帆和风车是人们最早利用气体运动的力量——这里是风产生的压力——的发明中的两项。大气压还被用于从井中提升水的一种简单的水泵——大气压作用于水的表面，将水压起。储存在金属汽缸内的或者从容器内泵出的压缩气体可作为动力，驱动比如风钻、手提钻、喷洒香水的喷雾器等设备。

对受压气体的另一项应用"引燃"了工业革命，并且是标志着现代技术开端的关键，这就是蒸汽机的发明。蒸汽机发明于18世纪初，并且作为工业和运输业的主要动力源长达一个多世纪——直到被电动机和内燃机所取代。这些新的动力源本身也是利用了气体压力：发电站利用涡轮带动发电机发电；内燃机的活塞由点燃的燃料气体膨胀驱动。

蒸汽机的发明可以追溯到1696年。当时，英国工程师托马斯·萨瓦利制造了一台结合了蒸汽和大气压的水泵，利用其从矿井里抽水，基于蒸汽产生压力，但是蒸汽冷凝成水后会形成真空这一现象。16年后，英国西南部康沃尔的托马斯·纽可门制造了利用汽缸和活塞装置向普通水泵传送动力的发动机。

随后于1769年，詹姆斯·瓦特设计出了能驱动工业机器，比早期水车或风车更强劲、更可靠的蒸汽机。这种蒸汽机也用于火车和农用拖拉机的动力引擎。这些蒸汽机的工作原理都是利用蒸汽压力驱动一个活塞在汽缸中往复运动——活塞的运动通过连杆和曲柄传递到轮子上。

蒸汽力在远洋船只上的运用带来了另一场运输业的革命，使水手们不再为海上的风和洋流无常的变化而犯愁。许多船舶的发动机都通过利用蒸汽在一个小的汽缸中的高压，最大限度地获得动力；然后，在一个中等压力的汽缸内重复利用排出的废气；最后则在一个更低压力的汽缸内重新利用排出的废气。现代发电站也主要使用蒸汽力：在锅炉内加水，烧开后产生蒸汽——使用的燃料是煤、油、天然气，或者使用核反应堆产生的热量。蒸汽压力带动涡轮叶片旋转，并且再利用逐渐降低的压力的三个或更多阶段。不论使用的是化石燃料还是核能，世界上大部分地方的大规模发电站仍继续依赖蒸汽动力涡轮机。

燃气涡轮可用来带动小型交流发电机，它们的工作原理和蒸汽涡轮机相同，来自气体的能量是燃烧煤油之类的燃料产生的。燃气涡轮主要用于比如驱动飞机的喷气引擎：空气在发动机前部被风扇压缩后，被迫进入燃烧室，并在那被点燃。废气从飞行器后部强劲地喷出，产生向前的推力。喷气发动机的一大优点是速度提升非常快。

蒸汽机车燃烧煤、油或木材等燃料，把水烧开产生的蒸汽带动发动机工作。燃料在燃烧室内燃烧，热气通过炉管道，该管道和锅炉的长度相同，周围是水。蒸汽在锅炉的顶部聚集，通到汽缸，蒸汽产生的压力推动活塞往复运动。排放的蒸汽迫使烟经烟囱冒出，并"吸进"经过锅炉管道的热气。

在蒸汽涡轮机中，从锅炉出来的高压蒸汽首先进入一个小叶片涡轮；然后蒸汽转到两组叶片背对背安装的涡轮内；最后经过大叶片低压涡轮。所有的叶片都安装在一根轴上，该轴在发电站与交流发电机或发电机相连。

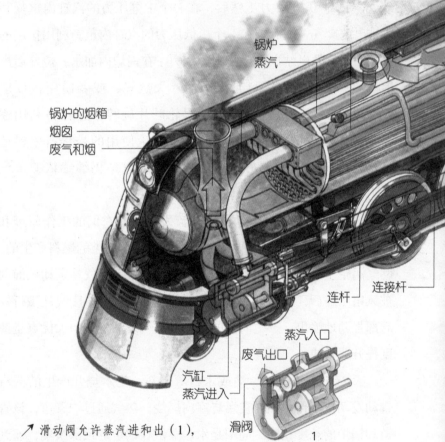

锅炉
蒸汽
锅炉的烟箱
烟囱
废气和烟
连杆
连接杆
蒸汽入口
废气出口
汽缸
蒸汽进入
滑阀

1

滑动阀允许蒸汽进和出（1），当蒸汽进入时（2），活塞推向前，迫使排出气体到活塞的前方。轮子旋转时，滑动阀移动，允许蒸汽进入活塞的前面（3），把活塞推回到原来位置。

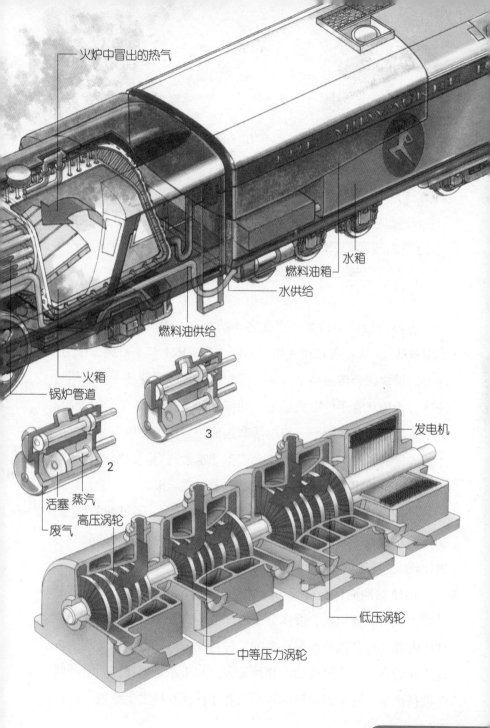

火炉中冒出的热气

水箱

燃料油箱

水供给

燃料油供给

火箱

锅炉管道

3

2

活塞

蒸汽

废气

高压涡轮

发电机

低压涡轮

中等压力涡轮

液 态

　　虽然油和水都是液体，但它们的物理属性却不相同。尽管它们的分子通过内聚力足够紧密地结合在一起并占据一定的空间，但它们可以流动。上述两者都产生压力，液体的压力取决于它的密度和深度。液体在海底产生的压力是在海面上所产生压力的数百倍。

　　容器内液体中的某一点在各个方向上的压力都相同。液体不能被压缩，这一点它和气体不一样。对液体上某一点施加压力，这个力很快就会传遍整个液体，比如挤牙膏（牙膏是一种浓稠的液体），无论从管子的中央还是一端挤牙膏，它都会从管子里流出。关于液静压的经典例子：给小活塞施加相对较小的压力，通过液体相连接的另一个大活塞上就会产生非常大的力。一个人利用液压千斤顶单独用力就能把一辆很重的卡车举起来。

　　油的密度比水小，所以它能漂浮在水上面。不过油的浓度、黏性都比水大。油或糖蜜之类的稠的液体中，分子之间的吸引力也比较大。它们的分子不容易滑动，因而流动性也不大。

　　加热黏性液体会降低分子之间的吸引力，液体变淡，流动性增大。给液体加压，液体分子之间的距离变小，同时增加了液体的黏性。这是润滑油很重要的一种特性，滑动零件和运动的齿轮之间的高压，使润滑油的黏性变大。如果不是这样，润滑油就会被挤出来，达不到润滑的效果，各零件就直接发生摩擦，造成

损坏。

液体的其他物理属性可以由分子之间的内聚力来解释。比如，表面分子间的力，给液体创造了一层"皮肤"，这就是表面张力，它使雨滴呈球形、肥皂泡聚集在一起、小型昆虫可以在水面上行走。表面张力还有可能使细小的针"躺"在水面上，但是向水里加入清洁剂后，细小的针会下沉，这是因为清洁剂降低了水的表面张力。表面张力低的液体会在窄的毛细管内上升，这就是多孔材料比如海绵或绵纸吸水的原因。如果毛细管放入表面

一只臭虫在水上行走——它的体重受到表面张力形成的"皮肤"支撑。水的表面张力之所以有这种作用是因为最表面水分子受内聚力作用的吸引力大于表面水分子和表面以下水分子之间的吸引力，内聚力还可以使水表面在容器边缘处向上拱起呈半月形。这两种效应一起作用，使水和类似的液体在窄的毛细管内上升。

张力很大的液体（比如水银）中，管内液体的高度就会下降。

在液体表面，一些振动着的分子会逃逸，这就是蒸发过程。通过升高液体温度可以加速蒸发进程。温度足够高时，液体沸腾，分子迅速离开表面形成气体或水蒸气。

降低作用于液体的压力也会使蒸发过程变得更容易，同时导致沸点降低。这就是为什么水在山顶时沸点的温度比在海平面时低的原因。给液体加压使液体的沸点升高，这是人们常用的炊具——高压锅的基本原理。

液压机械工作的原理是液体不能被压缩：给液体上任何一点施加压力，这个力会大小不变地被传遍整个液体。有伸缩挖掘臂的液压装置里注有一种油，通过一个旋转泵使其压力化。阀门由一根电缆操纵——该电缆受引导高压油到汽缸中一侧活塞上的杠杆控制，产生遵从所需方向的连接运动——带动挖掘臂。需要三种这样的液压汽缸才能使挖掘臂完成全范围的运动，操纵下面的铲子。

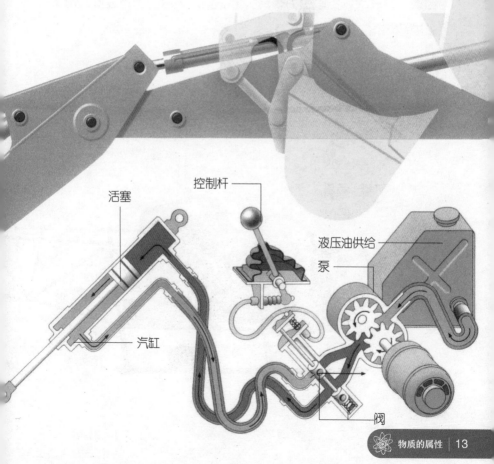

活塞

控制杆

液压油供给

泵

汽缸

阀

固 态

许多固体以晶体形式存在。固体的形状反映了其内部原子或离子的规则排布，强原子间力把它们聚集在一起，使固体具有硬度、强度、刚性和高熔点的属性。非晶体固体比如玻璃内部的分子间力比较弱，它的原子不能形成规则的排列，更像液体分子的排列。更软的非晶体比如蜡和许多塑胶，由大分子组成，分子之间的吸引力较弱，分子缺乏强度，并且在低温时就能被熔化。

即使是晶体的刚性晶格内部，个体原子也会轻微地振动。振动量取决于温度的高低。当固体被加热时，它的原子振动加剧，占据的空间加大，这就是大部分固体加热后体积膨胀的原因。达到一个足够高的温度时，原子振动克服了原子间的作用力，固体熔化，成为液体。

　　固体的硬度也可以用原子结构来解释。最好的例子是碳元素，它会天然地以几种形式存在，称作碳元素的同素异形体。钻石是晶体形式的碳，其中，每个碳原子在一个紧密的晶格内都化学性地与其他4个碳原子键合。钻石是目前所知最硬的天然物质，

↙ 直升机的制造利用了多种固体的特殊属性，主转子是由含有碳纤维的合成物制成的。有机玻璃顶篷是一种坚硬、透明的塑料，机身用轻质铝合金制成。

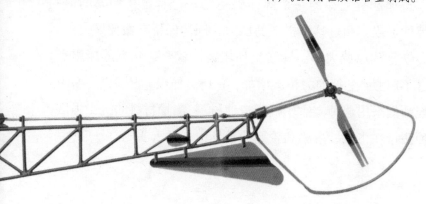

极难切割，它在工业上被用来钻和研磨甚至是最坚硬的金属。但是石墨——碳的另一种同素异形体，它的每个原子和另外 3 个原子通过较弱的分子键键合形成分离的层结构或片结构，所以，石墨的这种原子片层之间容易滑动。石墨很软，通常用作润滑剂。

1822 年，德国矿物学者弗雷德里希·摩氏设计了硬度等级，他把硬度最高的钻石硬度赋值为 10，最软的矿物质云母的硬度赋值为 1。硬金属比如铸铁容易碎，粉碎起来比较容易。软金属比如铝、铜、金和铅，通过模具可以拉成线，或者打制成薄片。金也可以打制成强光能通过的薄片。

拉伸固体时，它的原子的间距被略微拉大，原子间力尽力把原子拉回到原来的位置，拉力撤除后，固体猛地恢复到原来的大小，这就叫弹性。英国物理学家罗伯特·胡克提出的胡克定律说明了固体上的应力和压力之间的关系。

遵循胡克定律的一个固体到达的一个特定拉伸力的值叫作弹性极限。超过这个极限的压力，固体保持略微伸展，但是不会恢复到原始大小。继续施加压力，就会达到它的屈服点，超过了屈服点，拉伸力稍微增加，它仍会伸展，直到最终断裂。工程师们采用这种方法用机器拉伸材料，测量材料的抗张强度。这种测量在飞机、桥梁和轮船的设计中非常重要。

力和能量

运动中的物体

当驮着骑手的马匹突然停下来的时候，骑手会被向前甩出，这通常会造成严重的后果。这是英国数学家和哲学家艾萨克·牛顿（1642—1727）提出的第一运动定律的例子：在不受外力的作用下，物体会一直保持静止或匀速直线运动状态。物体由于其质量或惯性的作用而具有保持其运动状态的趋势，当马匹停下的时候，惯性使骑手继续向前冲去。体重大的骑手由于具有更大的动量，前冲的程度更大。动量随质量和速度的增加而变大。

牛顿第一运动定律包含了这样一个观点，即任何形式的运动都至少要有一个作用力。牛顿第二运动定律是关于动量的，表述为运动中物体动量的变化与制造这种变化的力（与物体的运动方向相同）成比例。在多数情况下，物体的质量不会改变，因此牛顿第二运动定律可以简化为：作用力等于其质量和加速度的乘积。

牛顿第三运动定律预测了两个物体相遇时候的状态，即如果一个物体施加一个作用力在另一个物体上，那么就会有一个大小相等但方向相反的力——反作用力。当气体在火箭发动机内燃烧时，它们膨胀并向所有方向施加相等的推力。气体在燃烧室密闭前端产生一个作用力，从而产生一个与该作用力方向相反的反作用力推动火箭前进。

向心力

↑ 链球运动员做圆周旋转以给链球一个速度。因为链球的方向总是在变化中，所以它的速率也是不断变化的。当掷链球者将链球松开后，链球受到的使之保持圆弧运动的向心力将得到释放，从而沿着圆弧的切线方向向前飞去。

　　不同于喷气式发动机，火箭不是由排喷出的气体向后推动空气而前进的——如果那样的话，火箭将无法在没有空气的外太空飞行。因为火箭是基于牛顿第三运动定律的原理而设计的，因此火箭可以被描述为反作用力发动机。步枪的后坐力体现了直接由牛顿第二和第三运动定律衍生的一个相关联的原理。根据动量守恒定律，两个物体相撞后的总动量等于其相撞前的动量之和（在没有外力的作用下）。

　　当步枪射手射击时，子弹向前的动量（其质量乘以速度）等于武器的后冲动量。这种后冲动量就是步枪射手感觉到的后坐力。但是由于步枪的质量远大于子弹的质量，因此其后冲速度就远小于子弹向前飞行的速度。步枪越重，后冲速度越小。在更小的手枪中也可以观察到相同的现象——尽管其后坐力更小。

任何形式的运动其关键因素都是速率——给定方向的速度。如果物体做匀速直线运动，其速率保持恒定。但是如果物体做匀速圆周运动，如在一段绳子末端拴着重物做旋转运动，其速率也不断发生变化，因为其运动的方向在不断变化。

牛顿第一运动定律指出了旋转的物体受到一个使其保持运动的作用力。这个作用力被称为向心力，其作用方向指向圆心，并且与运动的方向成直角。向心力可以从紧绷的绳子上感觉出来。如果绳子断开，物体的向心力便不复存在，物体将向其在那一刻正在运动的方向飞去。

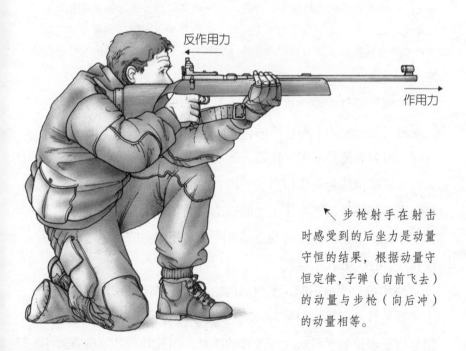

反作用力

作用力

↖ 步枪射手在射击时感受到的后坐力是动量守恒的结果，根据动量守恒定律，子弹（向前飞去）的动量与步枪（向后冲）的动量相等。

↑ 一场橄榄球比赛可以提供许多关于牛顿第一运动定律的例子：
需要作用力使一个物体运动，或改变其运动方向。由于作用力是物体
质量和其加速度的乘积，因此体重更大的运动员和有更快加速度的运
动员将会具有更大的作用力。

重　力

　　重力是物理学、天文学、空间科学、建筑和工程学中重点研究并应用的现象。重力是物体由于质量的存在而在彼此之间产生的吸引力。

　　质量是物体量的量度。同一个物体无论在地球上还是在月球表面或外太空都具有相同的质量，因为它包含有相同的物质的量。但是地球上的物体还有重量，它是地球重力作用于物体上的力。重量可以用牛顿为单位精确测量，但是为了简便，重量通常使用质量的单位如千克表达。

　　重量可以被表示为质量与加速度的乘积。因此地球上一个物体的重量可以表示为质量与重力加速度（还可以被称作为自由落体加速度）的乘积，物理学中地球重力加速度近似等于 $9.8m/s^2$。然而在月球上的重力加速度只有 $1.6m/s^2$，这就是月球上物体的重量只有地球上 1/6 的缘故。

　　重力可以在一定的距离内产生作用，事实上，月球的重力尽管比地球小得多，但依然能够在 382 000 千米外影响地球的海平面，从而导致潮汐产生。随着距离的增加，重力影响逐渐减弱。在地球上，重力在地球中心和物体重心之间产生作用。

　　两个物体之间的重力吸引力与两个物体质量的乘积成正比，与它们之间距离的平方成反比。这种关系被称作万有引力定律，是牛顿于 1666 年提出的。两个物体间的引力作用在它们的质心

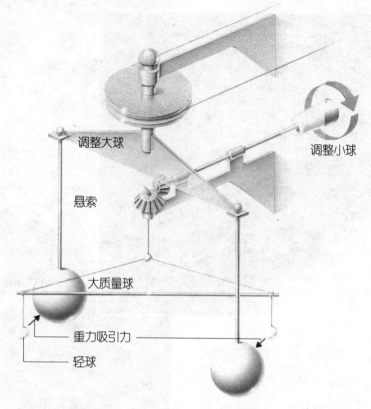

调整大球

调整小球

悬索

大质量球

重力吸引力

轻球

↑ 英国物理学家亨利·卡文迪许于 1798 年进行了一个经典实验，第一次测量了引力常数 G，并且由此推算出地球的质量。他利用一套被称作扭秤的装置测量了一对大铅球和两个小且轻得多的铅球之间的重力引力。重铅球对轻铅球产生的吸引力扭曲了悬索，而这个扭力（或扭矩）可以被测量。

（即物体质量的集中点）之间。质心有时也被称作重心，物体的重心对于其保持稳定有重要影响。

物体的稳定性可以定义为垂直通过其质心向下的一条直线。对于一个正立的金字塔来说，从其质心引出的一条线穿过金字塔的底部，金字塔处于稳定平衡状态。如果轻轻施加一个外力使其

倾斜，重力会起作用，使其回到原来稳定的状态。但是如果金字塔被倒置，那么施加一个很小的力也会使其翻倒，此时的金字塔就处于不稳定状态。

　　球体或躺着的圆柱处于中性平衡的状态——如果它们被推动翻滚，其质心依然通过接触点保持垂直向下。物体将会一直保持稳定状态或者中性平衡状态——除非有外力作用。

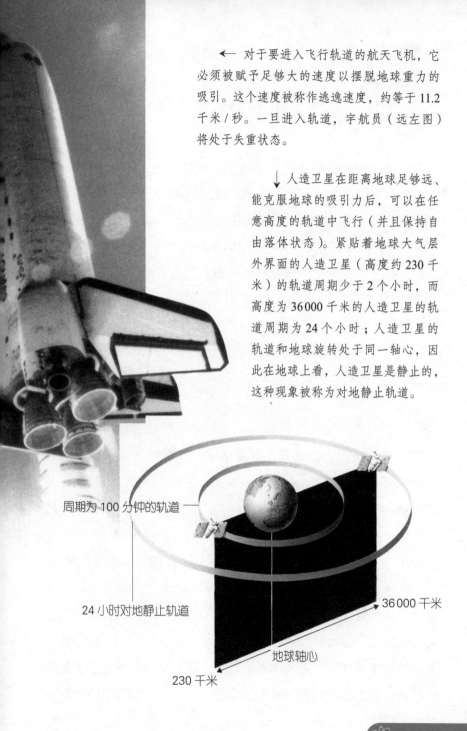

← 对于要进入飞行轨道的航天飞机，它必须被赋予足够大的速度以摆脱地球重力的吸引。这个速度被称作逃逸速度，约等于 11.2 千米 / 秒。一旦进入轨道，宇航员（远左图）将处于失重状态。

↓人造卫星在距离地球足够远、能克服地球的吸引力后，可以在任意高度的轨道中飞行（并且保持自由落体状态）。紧贴着地球大气层外界面的人造卫星（高度约 230 千米）的轨道周期少于 2 个小时，而高度为 36 000 千米的人造卫星的轨道周期为 24 个小时；人造卫星的轨道和地球旋转处于同一轴心，因此在地球上看，人造卫星是静止的，这种现象被称为对地静止轨道。

周期为 100 分钟的轨道

24 小时对地静止轨道

36 000 千米

地球轴心

230 千米

机械能

　　具有质量的物体在运动的时候具有动能，动能等于其质量的一半和速度的平方的乘积。做直线运动的物体具有平移运动动能，围绕一个轴心旋转的物体具有转动能。平移运动动能与物体运动速度的平方成比例。这一规律具有重要的意义，例如，如果物体的速度加 2 倍，那么其动能就是原来的 4 倍。这就是为什么在车祸中起决定作用的是汽车的速度而不是汽车的质量。一辆以 135 千米 / 小时行驶的汽车的动能是一辆以 32 千米 / 小时行驶的相同汽车动能的 16 倍，由此也会带来更大的冲击力。

　　一个具有质量的物体由于其位置也可以具有能量，这被称作重力势能；或者由于其存在变形——如被拉伸或被压缩的弹簧——拥有弹性势能。存储在物体中的重力势能等于其质量、高度和重力加速度的乘积。因此物体越重，势能越大；物体位置越高，势能越大。

　　上述就是机械能的所有形式，并且它们都可以做功。例如，一个快速移动的球杆在撞击球的时候将自己的平移运动动能传递给球，从而使球向前滚动。储存在重的飞轮中的转动能可以被用来操作机器。重力势能通常并不会表现出来，除非其转化为动能。老式摆钟逐渐落下的重物驱动齿轮；大坝后面储存的水落下后释放其势能转动涡轮叶片。弹性势能的一个简单例子是拉开的弓，

✎ 势能是一种存储能量。大坝后面的巨大水体储存着的势能被放出后转化为动能，推动涡轮机叶片。

射箭时，瞬间释放其弹性势能，使箭快速射向目标。

　　在某些系统中，势能和动能是不断相互变化的，其中的一个例子就是钟摆，其在一根杆的末端有一个重物在摆动。在摆动到最高点时，其只有势能，然后随着摆动，逐渐下降，势能逐渐转化为动能；在摆动到最低点时，钟摆只有动能而没有势能。然后当钟摆继续向高处摆动的时候，动能逐渐转化为势能；到达最高点的时候，钟摆又只有势能而没有动能。

↙ 滑板运动很好地体现了动能的存在——运动的能量。但是在一个跃起的最高点，动能转化为势能。

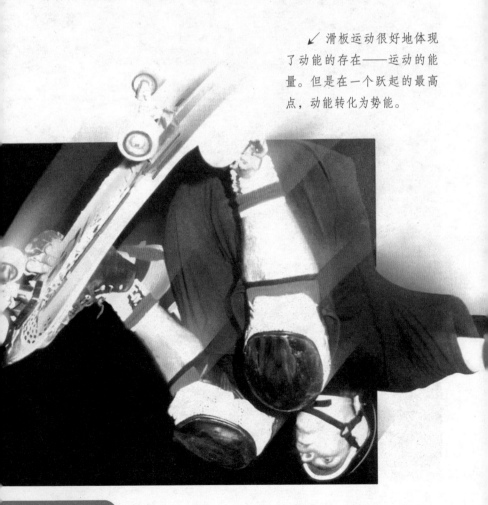

当弓箭手松开拉开的弓弦时，弹性势能瞬间转化为动能，使箭飞速向前射出。

钟摆的摆动为周期性的，即运动随着时间具有可预期的变化。如果将钟摆的运动位移轨迹按照时间描绘，则可以得到一条波浪形的正弦曲线。弹簧的振荡按照时间描绘也可以得到一条类似的正弦曲线。

一个完整的振荡所耗费的时间被称作运动周期，相对于平衡位置的最大位移被称为振幅。任何以这种方式产生正弦曲线的运动都被称为简谐运动（SHM）。物理中有许多关于简谐运动的例子，如交电流或无线电波的迅速电压振荡。

在振荡系统中，动能和势能之和总是保持相同。这是物理学中的一个应用广泛的重要原理，叫作能量守恒定律。这一定律表明任何系统内总能量都是恒定的——尽管能量可以由一种形式转化为另一种形式。

热　能

　　当物体变热，其热能就会储存在其原子中，原子不断振动——其振动越剧烈，物体越热。热能是动能的一种形式，是振动的原子具有的运动能。如果物体被冷却到足够程度，其原子几乎不振动。最低的理论温度——绝对零度——从来没有取得过——尽管在 20 世纪 90 年代科学家曾经得到过开氏 0.000007 度（在绝对零度的十万分之一的范围内）的纪录。

　　热能可以被看作一种单独的能量类型，可以被转化为其他所有形式的能量。任何东西变得足够热，都会发光，并且在热电偶（一种电路）中，热能可以被直接转化为电能。其他形式的能量也可以被转化为热能——通过高电阻导线的电流或者相互接触的两个移动中心物体表面的摩擦都可以产生热能。

　　热能可以从一个地方传递到另一个地方。例如一端加热的金属棒，热原子的振动传递给相邻原子，因此热量逐渐从加热的一端传递到未加热的一端。这种热能的传递被称为热传导，金属都是热的良导体。

　　热能还可以在热气体或液体的运动中传输。热的气体比冷的气体密度更小，因此会上升，从而形成加热房间中的空气流，或者空气大规模地运动造成了天气的变化。这种热传输被称为对流，气体或液体的运动都会产生对流。

　　热能还能通过辐射运动——来自太阳的热穿过太空中的真

许多固体，包括金属，在加热的时候会变软，铁匠可以利用这种现象将热的铁块敲打成马蹄铁。热量还可以影响物质的许多其他物理性质，如它们的导电能力。

空到达地球就是依靠这种方式。任何温度在绝对零度以上的物体都会有热辐射——尽管辐射率只有在高温度时才明显。热辐射量还与物体的表面属性有关，具有黑色不光滑表面的物体辐射率大于银白色光滑表面的物体。

热能还可以看作能量在温度不同的物体之间传递。了解热能如何在物体之间传递有助于防止不必要的热能流失，使物体保持温暖的一个方法是在其外部裹上一种不良导体——热绝缘体如发泡塑料，以防止热量流失。

同理，棉衣在寒冷的天气下可以使人保暖。真空瓶子也可以防止热能传导，可以使冷或者热的液体保持其原来的温度。保温瓶壁之间的真空层可以防止热能通过对流传导（因为在其中没有空气对流并携带热能）。另外，容器表面的银镜可以最小化热辐射。

一端加热的金属棒体现了热的运动理论，即任何温度高于绝对零度的物体中的原子都处于不断振动的状态。物体温度越高，其原子振动越剧烈，并且这种振动还可以传递给相邻原子——解释了热在固体物体中传导的现象。这还可以解释物体受热后膨胀的原因——此时原子占据了更多的空间。热原子振动的加剧以及由此带来的线性膨胀的程度直接取决于温度。热量还可以被在原子间自由运动的电子携带着遍布整个金属棒。

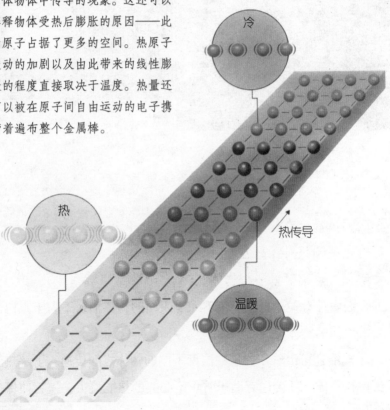

冷

热

温暖

热传导

电和磁

磁铁和磁场

　　磁体是一种物质（通常是金属），吸引或排斥其附近相似的金属。这种效应和磁体原子的成分亚原子相关。

　　当电子（通常是带负电）绕原子核旋转的时候，它们自旋并产生一个小磁场。这些微小的原子磁体彼此以一定顺序排列，形成的磁性区域叫作畴。在金属片如铁片或钢片中，有数百万个畴，它们之中有些指向一个方向，而另一些则指向另一个方向，所以没有一个整体磁场。但是当这些金属被放置在一个外部磁场中时，畴便与磁场以及彼此间平行排列起来，它们各自的微小磁场便组合成单个的大的磁场，于是这块金属变成了一块磁体。

　　磁体依据电子的数目和它们自旋的方式可分为三种磁性：铁磁性、顺磁性和逆磁性。一个铁磁性物质（如铁、钴或镍）中畴的原子中，在外部磁场的作用下，电子的自旋整齐排列。在特定的温度之下，当外部磁场被移去的时候它们依然保持磁性，于是它们变成了永磁体。铁氧体（是钴、锌、镍和铁氧化物的混合物）是烧制的铁磁性物质，可以用来制作极强大的永磁体。

　　顺磁性物质在顺着外界磁场方向的时候得到了磁性，因为此时它们的成分"原子磁"整齐排列。但是当外部磁场被移去的时候，它们的磁性随之消失。其他一些物质——逆磁性的——与外部磁场方向相反的时候才能得到暂时的磁性。

　　在条形磁体中，磁场从磁体的一端的某点附近发出，在空间中延伸，并弯曲到达条形磁体的另一端某点附近。这些点被称为磁极——北极和南极，并且磁场可以用两极之间的连线来表示。磁极总是呈南北走向成对出现。磁力线可以认为是单个磁极在磁力的作用下所经过的路线。

磁极的另一个特性是同极——如两个北极——相斥，异极相吸。

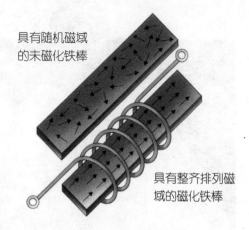

具有随机磁域的未磁化铁棒

具有整齐排列磁域的磁化铁棒

↑ 在一条未被磁化的铁棒中，分子磁体是随机排列的。当铁棒被放置在一个通电线圈中的时候，线圈产生的磁场便使分子磁体有序排列起来，于是铁棒被永久磁化了。还可以通过将铁棒放在地球磁场（指定它的北极）中，然后用另一块磁体击打或者用锤子击打的方法使其磁化。

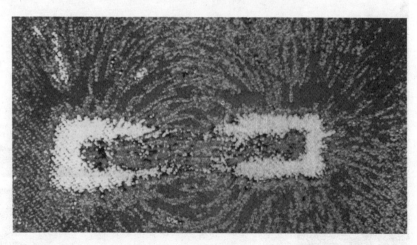

↑ 围绕一根条形磁体的磁场（磁力线）可以由在该磁体所在的纸上洒铁屑显示出来。

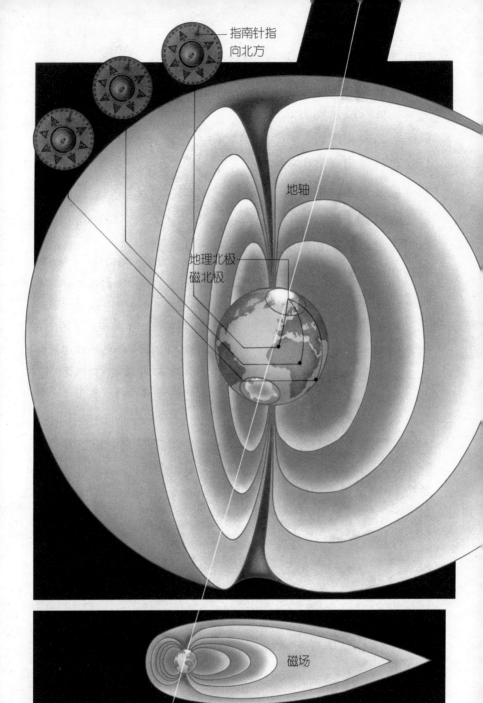

指南针指
向北方

地轴

地理北极
磁北极

磁场

← 地球熔融铁质地核中的电流产生了磁场。地球中仿佛有一根沿着地轴的巨大条形磁体。指南针具有一个水平安装的磁化指针，并且在地球磁场中，它的指北端总是指向磁北。垂直安置的一个指针被称为磁倾指针，在赤道附近，它是水平的。但是向更北（或更南）移动的时候，磁倾指针就逐渐倾斜，直到到达两极的时候，它垂直指向下。

在这种情况下，它们的磁场相互结合或相互推开。事实上，任何两个磁极彼此间的作用力与它们磁力的乘积和它们之间距离的平方比成正比。由于这个原因，磁场随着离磁体距离的增加迅速衰减。

　　指南针中的指针是一小块装在轴上的磁体，它的指北端（事实上是北极）总是指向我们称为北方的方向。为了做到这一点，在地球北极的附近必须有一个磁南极。这仿佛地球中有一根顺着地轴的巨大的条形磁体，使全球任何地方的指南针指针都处于它的磁场中，并指向南极或北极。磁极与地理磁极并不是精确重合的，并且磁极每年都在缓慢移动。航海者在使用指南针的时候必须注意这一点。

　　← 地球磁场延伸到太空中几千千米之外，形成磁气圈，并且由于太阳风的作用被扭曲变形成泪滴状。许多其他的行星也具有类似的磁场。

电 流

电流是电子的流动，其度量单位是安培。一些物质是优良导体，而另一些物质导电性则较差。非金属物质如玻璃和塑料，带有巨大的电势差穿过物质，使原子中的电子分离，从而带电荷。但是对于金属而言，即使是很小的电势差也可以使电流流动。多数金属都是优良的电导体。

在 20 世纪之前，科学家发现了电子在电中的关键作用，他们指定了电流的方向，并且规定电流从正极流向负极。事实上，带负电的电子是以其他方式在电路中流动的，即从负极流向正极，但是关于电流方向的约定俗成的规定却被保留了下来。失去电子的原子或分子携带正电，被称为离子。离子也可以成为电流的导体。

并不是所有的金属的导电能力都是相同的——导电性取决于其电子的可得性。最好的电导体包括铝、铜、金和银。由于铝和铜比金和银便宜得多，所以铝和铜最常用于制造电线和电缆以传导电流。

物质抗阻电流的能力特性即为电阻。电阻可以通过测量在一定电压下流过电流的量来得到。德国物理学家乔治·欧姆（1787—1854）建立了电压、电流和电阻之间的联系。欧姆定律指出，对于某给定材料，电阻等于电压（电势差）除以电流。电阻的单位是欧姆。

　↑ 电在工业、家庭和休闲生活中应用广泛，从而成为一种最有用的能量形式。电力照明成为其最早的应用之一，并且也可能是今天电力的最重要的应用。许多机器，例如在一个露天游乐场，依靠发动机以及大范围电力设备——从高保真音响到超级计算机——都完全依靠电力。

电由于有移动电荷的能力，因此它也是一种能量。电能也可以被转化为其他形式的能量。例如，当导流通过一段导线的时候，导线会被加热。导线的电阻越高，其会变得越热。当导线足够热的时候便会达到白炽，从而发光。电热器和电灯里面都有导线圈，利用这种方式产生热或光。

声音是可以通过转化电产生的另外一种形式的能量。例如在一个扩音器中，来自麦克风或放大器的不断变化的电压使纸做的或塑料做的音锥振动产生声音。在许多其他的设备包括电动机中，电直接被转化为机械能。

电流沿着导线流动的另一个结果是产生磁场。磁场的磁力线形成许多环绕导线的同心圆。如果导线绕成一个线圈，磁物结合，使磁力线类似于条形磁铁的磁力线。得到的磁（电磁）的强度可以通过顺着线圈的轴放置一块磁性物质（如铁块）得到加强。

→ 当电流沿着导线流动的时候，电流的载体是电子。在多数金属中，除了有些电子围绕着原子核不断旋转外，还有部分自由电子在原子核周围随机运动。导线两端的电势差（电压）可以使这些自由电子流动并携带电流（中）。

绝缘线 ────

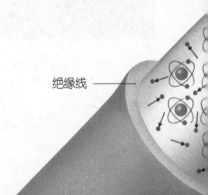

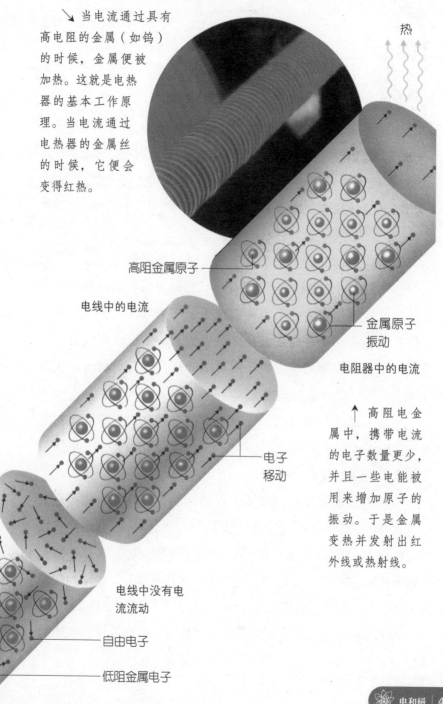

当电流通过具有高电阻的金属（如钨）的时候，金属便被加热。这就是电热器的基本工作原理。当电流通过电热器的金属丝的时候，它便会变得红热。

热

高阻金属原子

电线中的电流

金属原子振动

电阻器中的电流

高阻电金属中，携带电流的电子数量更少，并且一些电能被用来增加原子的振动。于是金属变热并发射出红外线或热射线。

电子移动

电线中没有电流流动

自由电子

低阻金属电子

发电

电是一种极有用的能量形式，因为它可以被非常方便地分布到人们所需要的任何地方，并且它还可以很容易地被转化为其他形式的能量——做功。商用发电是一种主要工业，它必须首先把其他形式的能量转化为机械能，以驱动发电机。

通常，最初的能量是来自于化石燃料如煤炭、汽油或天然气中的热量——燃料燃烧产生蒸汽驱动涡轮（涡轮转动发电机）。另外核反应堆产生的热量也可以被用来产生蒸汽驱动蒸汽涡轮工作。流动的水——通常来自大坝后的下泄水流——可以被用来转动水轮机以驱动发电机。在更小的规模下，燃料可以在燃气涡轮机中燃烧以驱动发电机。

不论初始能量是什么，发电站中的电都来自大的交流发电机，它们产生频率（每秒的循环）为50赫兹或60赫兹、电压为几百伏特的高电流。

大的电流需要厚重的导体，否则它们会变热和熔化。为了避免在主要传输线路中使用沉重的电缆，所供给的电流被转化为高电压低强度的电流（电压在30万伏特到40万伏特之间）。在局地配电室，电压又被降低到3.3万伏特或1.1万伏特，最终在送达工厂和家庭使用的时候，电压被降低到240伏特或110伏特。电站的输出能力用瓦特来衡量（瓦特等于电流强度和电压的乘积）。

电力分配的关键阶段是电压升高和降低的变压过程。一个简单的变压器包括一个软铁芯和其上环绕的两个重叠的绝缘线圈。交流电首先流过，或者最初线圈首先像一个电磁体以在软铁芯中产生一个快速转换的磁场。这个变换磁场还在第二个线圈中产生了一个交流电。

如果最初的线圈圈数多于第二个线圈，电压便被降低（一个减压变压器）；如果第二个线圈的圈数多于第一个线圈，电压便被加强（增压变压器）。在任何变压器中，输入电压和输出电压的比值都等于第一个线圈的圈数和第二个线圈的圈数比。高压高电流的变压器会产热，所以它们通常被浸泡在油里，以安全地将热量传导出去。

目前大多数无污染的发电形式是水力发电。这些大型的发电站都是建造在大坝下方，大坝后面形成了一个人工制造的巨大的湖泊。水流从大坝的隧道或水道中流下，推动涡轮机旋转发电。

现代社会要减少对电力的依赖是非常困难的。但是由于化石燃料的储量有限，并且考虑到利用核能存在的危险以及核废物的处理难题，科学家们和工程师们继续研究其他的发电方法，包括利用太阳能、风能和海洋潮汐能发电。

不论最初的能量来源于水流，或者风力直接驱动涡轮机，或者核反应堆，或化石燃料燃烧产生的蒸汽驱动涡轮，电站通过涡轮的旋转产生了交流电（AC），交流电以高压电在国家供电网络中传输分配。在变电站中，电流被转化为家庭和工业所用的低电压。

根据当地资源、成本及效率，可以有各种不同的发电方法。直接的资源包括水电，即在大坝后面储存的大量水流下泄推动涡

轮机发电。波浪和潮汐发电
也已进行商业性开发。另外
一个直接的资源是风，在风
力农场中，高达 100 米的风
车利用风力驱动发电机。和
太阳能发电一样，风力也是
一种不可靠资源，它的能量
只能被储存在巨大的飞轮中。

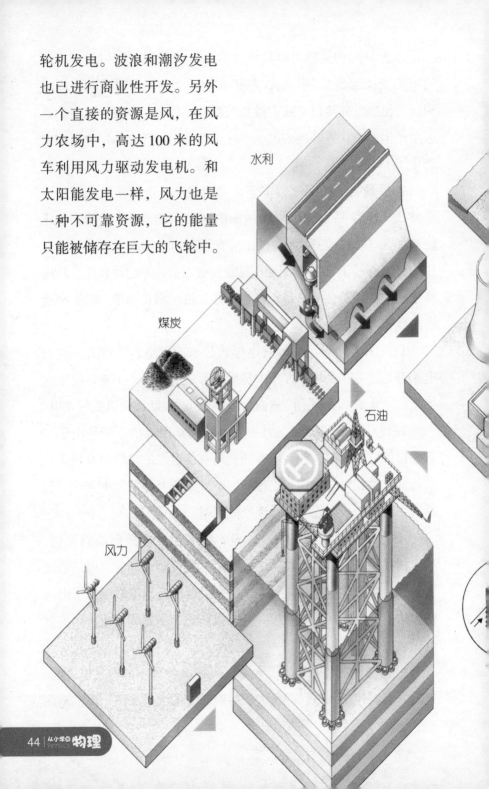

水利

煤炭

石油

风力

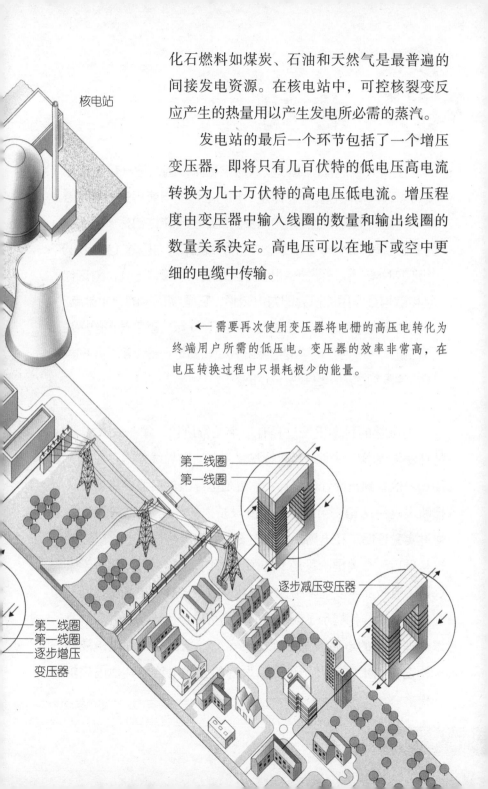

核电站

化石燃料如煤炭、石油和天然气是最普遍的间接发电资源。在核电站中，可控核裂变反应产生的热量用以产生发电所必需的蒸汽。

发电站的最后一个环节包括了一个增压变压器，即将只有几百伏特的低电压高电流转换为几十万伏特的高电压低电流。增压程度由变压器中输入线圈的数量和输出线圈的数量关系决定。高电压可以在地下或空中更细的电缆中传输。

←需要再次使用变压器将电栅的高压电转化为终端用户所需的低压电。变压器的效率非常高，在电压转换过程中只损耗极少的能量。

第二线圈
第一线圈

逐步减压变压器

第二线圈
第一线圈
逐步增压
变压器

电 磁

　　由一块钢制作的磁体被称为永磁体，因为它一旦被磁化就将永远保持磁性。电磁体是一种与通过的电流相关的暂时磁体——切断电流，磁性随之消失。简单的电磁体包括一段被称为芯的铁块，被绝缘导线缠绕。当导线的末端与电源（如电池）相连的时候，铁块便被磁化，并且性质和永磁体一样。对这种电和磁相互作用的研究即为电磁学，它是物理学的一个分支。英国科学家迈克尔·法拉第在 19 世纪 30 年代就曾在该领域进行过研究——尽管最早的电磁研究被认为是在这之前几年由美国科学家约瑟夫·亨利所进行的。

　　电磁学的科学发展过程有三个关键阶段。第一个关键阶段是丹麦物理学家汉斯·奥斯特观察到在通电导线外围存在一个磁场——他看到指南针的指针在靠近通电导线的时候发生偏转从而推断出这一结论。第二个关键阶段是大约在这 10 年后，法拉第通过实验证明了在电路中改变的磁场可以产生感应电流。第三个，也是最后一个关键阶段是 19 世纪 70 年代苏格兰理论物理学家詹姆斯·克拉克·麦克斯韦以一组数学方程解释了电和磁之间的相互作用关系。他展示了改变中的电场可以产生磁场，并且预言了以光速传播的电磁波的存在。事实上，光也是一种电磁波——正如麦克斯韦宣布其结论之后发现的无线电波和其他电磁辐射一样。

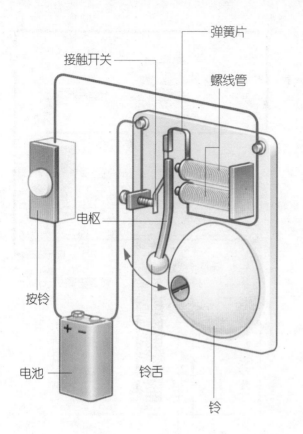

弹簧片

接触开关

螺线管

电枢

按铃

电池

铃舌

铃

← 电铃的电磁元件是螺线管，螺线管是由铁块上缠绕许多圈绝缘导线组成的。当有人压按铃的时候，来自电池的电流便通过螺线管，螺线管便成为磁体，吸引电枢。这一运动在接触开关处切断了电流，螺线管失去磁性，电枢弹回，又重新接通电路。只要压按铃，这个过程就不断持续，电枢仿佛一根振动的小锤不断地击打铃。

→ 最早的电磁装置是由美国物理学家约瑟夫·亨利在 19 世纪 20 年代制造的，类似于这种在马蹄形铁块上缠绕绝缘导线的样子。当导线末端与电池相连时，铁块便带有磁性。

继电器是一种电磁开关。它可以使一个低电流电路中的开关控制另一个电路中的一股高压电。右图展示的这套装置和汽车点火系统类似。转动钥匙操作点火开关使来自汽车电池的电流通过一个铁芯螺线管。螺线管被磁化吸引一个触点，使枢轴臂关闭空隙以接通高电流电路，从而启动汽车。

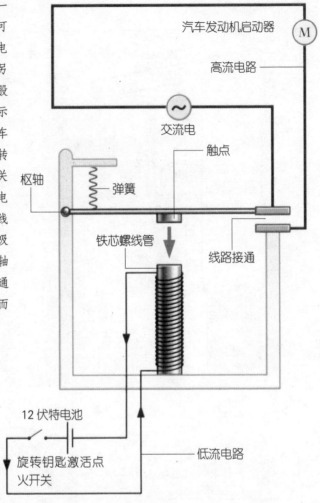

汽车发动机启动器

M

高流电路

交流电

触点

枢轴

弹簧

铁芯螺线管

线路接通

12 伏特电池

旋转钥匙激活点火开关

低流电路

简单的电磁体应用有限，可能最广为人知的就是用于在废料场中吸起碎铁片和碎钢片。更广泛的是应用在发电机和电发动机、电铃、螺线管和继电器中的电磁部件。电磁体还是一些麦克风、扩音器、音响和影碟机中的关键元件。一些现代扫描仪和粒子加速器都使用了一些目前功能最强大的电磁体。

↓ 磁悬浮列车车体中有超导磁体。这些磁体和轨道上的电磁体之间的相互排斥作用可以使火车悬浮；吸引力推动火车前进（图 A）。沿着轨道两侧的电磁体可以使火车保持在轨道中间（图 B）。

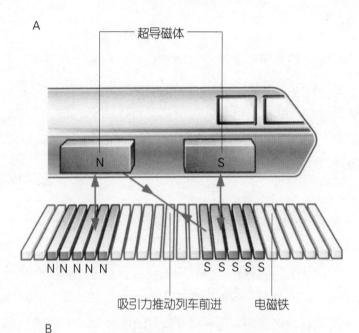

A

超导磁体

N　　S

N N N N N　　　S S S S S

吸引力推动列车前进　　　电磁铁

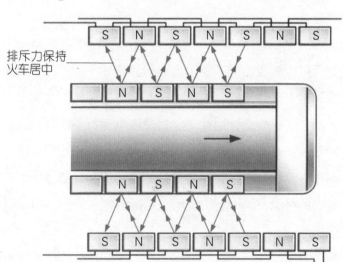

B

排斥力保持
火车居中

电动机

最简单的使用电能做有用功的电力机械通常是将电能转化为机械能。在电动机中，电场和磁场的交互作用产生旋转运动。一个小型直流电动机有一个安装在轴干上的 U 形磁铁以产生磁场。在更大些的电动机中，电流通过缠绕在铁芯上的线圈时产生磁场。

驱动电动机的电流流过一个线圈，线圈事先已经安装好，可以在磁场中旋转。电流通过一个被称作换向器的金属开口环进入线圈。在一个线圈只有一圈导线的极简单的电动机中，换向器有两部分，每部分与从线圈引出或引入的导线相连接。实际应用的电动机具有许多线圈，形成转子，因此它们相应地需要换向器中有更多部分。

当电流通过一根位于磁场中的导线时，导线会移动。当电流流过电动机中的线圈时，线圈会旋转，旋转不到一圈，换向器会逆转线圈中电流的流向，因此，线圈会不断旋转。交流电电流的方向持续并快速变化，因此，一台交流电动机不需要分许多部分的换向器。但是为了启动转子旋转并且确保转子按所要求方向旋转，商用交流电动机还有一个额外的静止线圈。通过用于产生电动机磁场的绕组，静止线圈产生了一个副磁场。这个磁场旋转，拉动转子旋转。

小型交流电动机最常见的形式——感应电动机根本没有换

向器。转子线圈被一组末端与一个金属环相连并嵌在一个铁圆柱中的铝条或铜条取代。这种装置也组成了一个转子，并且由于其形状而被称作"松鼠笼"。在转子四周安装有一系列静止线圈（被称为场绕组），从而产生一个切割松鼠笼金属条的磁场，并产生感应电流。这种感应电流引发了在所有电机都存在的旋转运动，并且转子在外部绕组或定子中开始旋转。

类似的场绕组可以被结合进一个长扁形的定子中，并且松鼠笼转子还可以被"展开"形成一个位于其上的扁平转子。当交

↓ 电动机的工作原理可以用线圈上只有一环导线的简单机器很好地展示。下图左边是一个直流电动机，下图右边是一个交流电动机。在这两种电动机中，都通过电流来转动电动机，并驱动传动轮。在直流电动机中，电流通到连接到具有两部分的换向器上的一对碳刷。换向器在旋转的每半圈都逆转电流方向，保持线圈在磁场中以相同的方向自旋。交流电的方向每秒快速变换 50 ~ 60 次，由于这个原因，交流电动机不需要换向器。

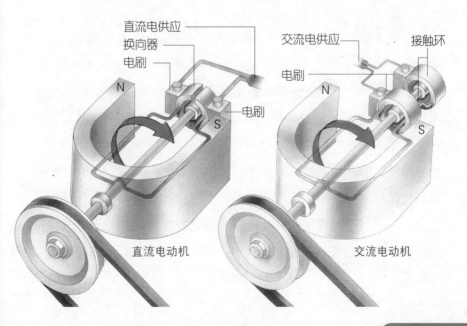

直流电动机

交流电动机

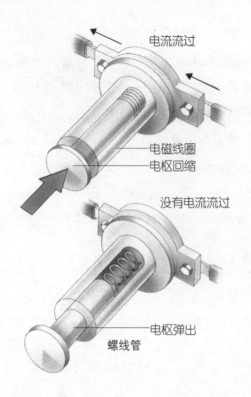

电流流过

电磁线圈
电枢回缩

没有电流流过

电枢弹出

螺线管

←螺线管是简单的开关装置，包括一个滑行弹簧电磁体。当电流通过缠绕在铁转子上的圆柱形线圈的时候，铁片在磁力作用下克服弹簧张力回缩。当电流断开的时候，转子弹出。这种运动可以被用来启动不同的装置，通常被用来安全地启动或关闭高压开关触点。

流电流进入定子的时候，转子侧向移动，从而形成了一个线性电动机。这种电动机可以被小规模应用于移动滑动门，更大规模地，可以用于驱动快速又安静的线性电机火车。

　　一个简单的装置——螺线管也可以利用电流产生侧向运动。它包括一个圆柱形线圈，当电流通过的时候，线圈便类似于一个条形磁铁。沿着线圈的轴有一个铁片(也叫转子)，当通电的时候，磁场使铁块侧向运动。这个运动的转子可以敲打电铃产生悦耳的铃声，还可以打开或关闭开关的触点。通过这种方法，小电流可以用来开闭高电流，在开关装置中，螺线管通常都被用来控制高电流。

←法国的高速火车（TGV）是在普通铁轨上运行的高速电力机车。在它的主要线路上，使用 2.5 万伏特的交流电，速度可以达到 260 千米／小时。牵引电机可以驱动列车前进。

↑ 电动车没有污染。电力机车通常由其顶上的高压交流电供电，并且转化为低压电，再被整流以驱动安装在机车上的直流牵引电机。城市交通系统和地铁列车通常由沿着铁轨铺设的直流电电源供电。多数公路汽车使用电池，目前许多研究都在致力于开发供汽车使用的燃料电池。

电和其他能量

由于各种能量形式可以互相转换，所以电可以直接由光或热转换而来，甚至还可以不利用发电机的电磁而直接由机械能产生电。当光或其他种类的电磁辐射如紫外线或 X 射线照射一块金属的时候，电子将会从金属表面散发出来，这种现象被称作光电效应。散发出的电子将流向一个阳极（一块比发散电子的金属电压更高的金属片），然后在一个外部电路中作为电流。当入射光具有足够能量，即具有足够高的频率的时候，便会产生光电效应，将电子从金属原子中击出。

光电电池和太阳能板就很好地利用了光电效应。例如摄影者的曝光表中可能有一块硒光电池和一个敏感的检流器（电表）；光越闪亮，产生的电流越大。多数太阳能板都使用由半导体如硅制成的光电管或光伏电池。以这种方式生电是非常昂贵的，但是这可能是在外太空行进的飞行器唯一的选择。太阳能板也可以在地球上被用来发电，它们的作用将不仅仅是供电。

热电——由热产生的电——是通过将两个不同金属制成的导线连接成一个环，然后将接点保持在不同的温度而产生的。这就是以德国物理学家托马斯·塞贝克（1770 — 1831）的名字命名的塞贝克效应。由于不同的金属原子中的电子处于不同的能级上，在两种金属的接点，电子从一种金属流向另一种金属，接点间的温差越大，产生的电流越强。通过将一个接点的温度保持在已知温度下，可以利用塞贝克效应制得一个热量计，测量另一个接点的温度。

当电流通过真空中的导线的时候，导线便会发热并散发电子蒸气，这种现象被称为热离子效应，这是真空管（热离子管）或阴极射线管的电子源，在管中有一个加热的阴极，其中有电子蒸气流向阳极。

电唱机的唱针上有一个小晶体，通常是由蓝宝石或钻石做成的。当唱片旋转的时候，一个机械力使晶体在唱片的凹槽里上下运动。这个外力"挤压"晶体，使它产生一股小电流——被放大产生声音。这种生电的方式（被称为压电效应）之所以能够发

许多电话中都包括一个晶体麦克风以捡拾说话的声音。声音使安装在一个压电晶体一面上的振动膜产生振动。振动迅速"挤压"晶体，使之产生变化的电流，这些电流沿电话线到达接听者的电话中，通过一个放大器传出声音。

压电晶体
电话振动膜
麦克风外壳

生，是由于变形晶体相对的面在电子的流动中得到了相反的电荷。压电晶体还可以被使用在麦克风中（其中声波在晶体上施加压力）以及"电子"点烟器中（其中一个晶体被挤压后产生电流并产生火花点燃气体）。

↓ →将光能直接转化为电能的廉价而高效的方法能够解决世界上的许多能源问题。光电电池和太阳能板利用光电效应能产生电，但是它们代价昂贵并且效率不高。然而，在外太空或离可供应电源遥远的地方，光电装置是唯一可靠的电力来源——只要太阳在闪耀。

↓ 一些电唱机上的唱针由一种晶体组成。激光唱片上 V 形凹槽在碟面上沿等高线分布。不同的声音模拟信号以波动的形式表现。当唱片旋转的时候，唱针跟随波动，因此在两个方向相互成直角振动。振动使安装在晶体上的小块磁铁在成对的线圈间产生振荡。磁铁运动在线圈中感生出变化的电流，一个信号对应每个立体声频道。然后信号被放大和过滤，传递到扩音器产生最初的声音。总体说来，这个过程将唱针的振动转化为电能，然后以振动的形式还原说话者本来的声能。

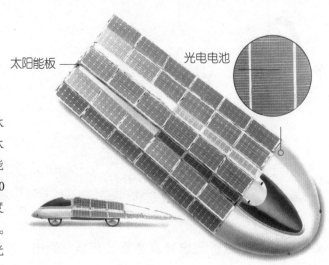

太阳能板

光电电池

→ 这架太阳能车展示了太阳能应用的可能性，它以平均50千米/时的速度横穿澳大利亚。它的面板是由光电池排列而成的，如右图所示。

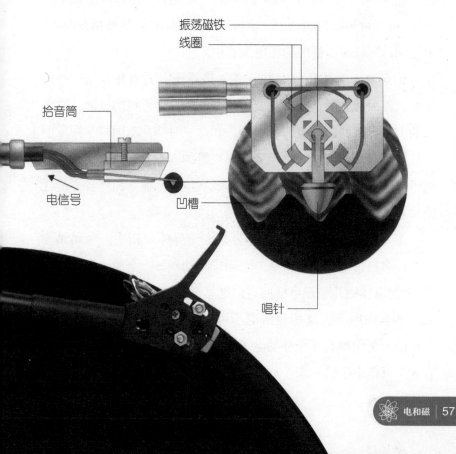

振荡磁铁

线圈

拾音筒

电信号

凹槽

唱针

电子学和半导体

一些非同寻常的发电方法包括真空管和固体（不是金属）中电子的流动。电子装置可以作为开关和控制携带信息如放大器中的声音信号或者计算机的数字数据信号的电流。

最初的电子装置是真空管，在真空管中，电子流从一个被加热的阴极流向阳极，这个特性被用在二极管中，以将交流电转化为直流电。二极管增加第三个电极（或电栅）之后即形成了三极管，可以被用来控制和放大电流。加热的阴极仍然被用在电视、雷达和计算机显示器的阴极射线管中。

但是真空管体积巨大并且其加热器还需要消耗能量。在第二次世界大战之后，随着需要更复杂电路的计算机的发展，对更小的电子设备的需求也与日俱增。在这一时期，美国科学家发明了晶体管，晶体管是一种相当于三极管的固态装置。固态意味着电子只能在固体物质而不能在气体或真空中传输。晶体管不消耗能量并且体积可以极小。

半导体是电阻小于绝缘体但是大于导体的物质。金属结构中有许多自由电子，可以从一个原子移动到另一个原子以传导电流；而绝缘体则几乎没有任何自由电子。半导体，例如锗和硅元素，有一些自由电子，这些自由电子可以成为电流载体。上述两种元素的原子中都有4个外部电子，向这些元素中添加极少量的具有5个外部电子的元素（如磷）的过程被称为掺杂——可以提供额外的导流电子，创造出一种 n 型半导体。添加具有 3 个外部电子的元素（如硼），可以使一些原子缺乏电子（称为空穴），从而使自由电子可以流动，由此得到的材料被称为 p 型半导体。将一片 n 型半导体和 p 型半导体连接起来就形成了一个二极管，在二极管中电流只能朝一个方向流动，来自 n 型半导体的自由电子通过两者的接合处，以占据 p 型半导体中的空穴，但是自由电子不能从 p 型半导体流向 n 型半导体。

两个二极管背对（形成 n-p-n 或 p-n-p 式排列）接合形成了一个晶体管。进入中间片（基）的小电流控制外部片（发射器和收集器）之间的大电流。这正如一个三

二极管和晶体管

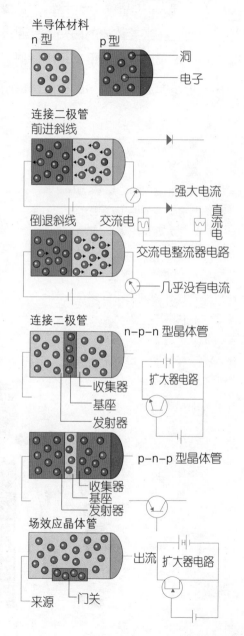

半导体材料
n 型　　　p 型
洞
电子

连接二极管
前进斜线
强大电流
直流电
倒退斜线　　交流电
交流电整流器电路
几乎没有电流

连接二极管
n-p-n 型晶体管
收集器
基座
发射器
扩大器电路

p-n-p 型晶体管
收集器
基座
发射器

场效应晶体管
出流
扩大器电路
来源　门关

极管，并且可以使用在扩音器和其他电路中。在一个场效应晶体管中，一种类型的半导体（栅极）被散布进入其他类型的半导体棒的侧面。在半导体棒的两端（其源极和漏极）存在一个主要电流。一个更小的变化的电流供应给栅极，以控制主要电流——正如在一个结面晶体管中用基电流来控制发射器电。

最早的电子装置是真空管。首先出现的是具有两个电极的真空管（二极管），然后出现了具有三个电极的真空管（三极管）或更多电极的真空管。但是真空管体积巨大，并且它们的加热器还消耗能量。晶体管的现代形式是半导体二极管和晶体管，它们体积小很多，并且消耗很少的能量或者根本不消耗能量。目前一个硅芯片上的微型化电路中就有几百个电子元件。

声 能

声 速

在干燥的空气中，声音的传播速度约为 334 米 / 秒。声音的传播速度会随着温度和海拔的增高而增大，因为温度和海拔越高，空气密度越小。但是在诸如金属和玻璃这种密度很大的介质中，声音的传播速度却要比在空气中的传播速度快 20 倍甚至更多。如果两种介质之间密度相差很大，就会阻碍声音从一种介质传入到另一种介质。双层玻璃能够成为一种有效的隔音装置就是这一原因：几乎任何声音都无法在经过第一层玻璃到达中间的空气层后再穿越第二层玻璃。

英国牧师兼业余科学家威廉·德汉于 1708 年首次较为精确地测量出了声音的传播速度。他让助手在小山山顶上发射了一枚炮弹，而自己则站在距小山 19 千米以外的教堂钟楼上进行观测。他通过测量从看到炮弹火光到听见爆炸声所花费的时间计算出声音的传播速度。

声源是超声时会产生奇特效应，超声意味着其传播速度要比声音本身快。当一架超音速喷气式飞机从人们头顶掠过时，空气中的一系列压缩波（由发动机的噪声引起），会跟随飞机形成击波，并发出被称为音爆的巨响。音爆并不是一声巨响，而是尾随在超音速喷气式飞机之后的连续噪声。当飞机的飞行速度接近音速时，在飞机前部会首先形成压缩波，因此，早期以亚音速飞行的飞机机翼会折断。

↑ 声音在水中的传播速度要比在空气中快得多：在海水中约为1540米/秒，在干燥空气中为334米/秒。座头鲸利用可听到的超声脉冲实现彼此间在水下的远程交流，它们的低频鸣声可被远在80千米之外的另一头驼背鲸听到。

直到1947年美国火箭动力喷气式飞机出现之前，声障一直以来都是飞机设计师们难以突破的一道障碍。声障是由声波组成的一堵高压空气墙，飞机要想突破这道屏障就需要额外的力。伴有音爆的击波还标志着压力的激增，这足以摧毁地面上其所到之处的结构。

如果声源处于移动之中，声音的频率（音高）就会受到影响。当声源快速地接近听者时，声波会被"挤压"在一起，从而增加频率且升高音高。当声源远离听者时，声波会"伸展"开来，从而频率和音高降低。由于奥地利物理学家克里斯蒂安·多普勒于 1842 年首次说明了这个现象，因此这一现象被称作多普勒效应。举例来说，当摩托车飞快驶过时，人们会听到摩托引擎传出的声音由大渐小。其他波现象（如多普勒雷达）和光现象也显示出了多普勒效应，快速退去的恒星的光谱中的红移就是证明。

超音速的频率远远高于人类听力范围的上限（年轻人的听力范围上限大约为 20 000 赫兹）。超音速在科技领域和自然界被广泛应用。低于人类听力范围下限（大约 20 赫兹）的声音被称为亚音速或次音速。亚音速或次音速的应用范围也非常广泛。

↓ 当亚音速飞机飞过时，会在飞机下方的地面上留下噪声"足迹"。飞机飞行时，意味着声波在飞机前部被压缩，而在飞机后部被伸展，导致飞机飞过时音调的变化。超音速飞机的飞行速度比声音的传播速度快得多，因此，它飞行时所产生的音爆会被远远地抛在后边，只有在飞机已经飞过去之后才会被听到。

噪声足迹

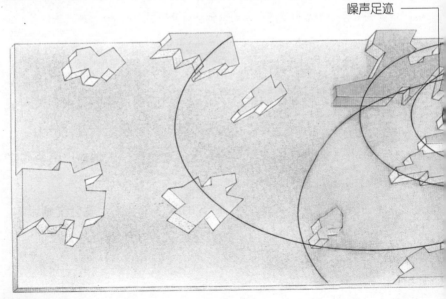

→ 1947 年，当美国飞行员恰克·伊格尔驾驶着 Bell X-1 火箭动力喷气式飞机以超过 1150 千米的时速飞行时（3 月 1 日），声障被突破。流线型的设计使冲击影响最小化并对超音速飞机前部形成的压力波产生了一定的缓冲作用。

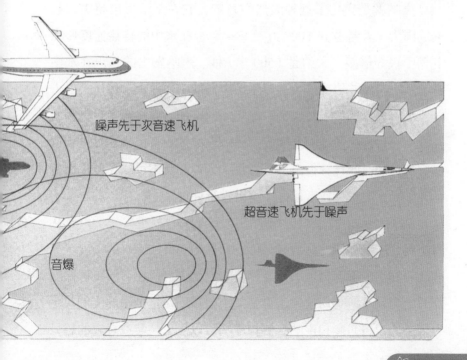

噪声先于次音速飞机

超音速飞机先于噪声

音爆

超 声

　　由于超声波的频率远远高于 20 000 赫兹，所以人类听不到超声。但有些动物可以听到这种频率，并且能够巧妙地加以运用。例如，蝙蝠所发出的"吱吱"声就是超声，并能够听到其回声。超声的超高频率使蝙蝠能够运用回声定位法探测到小物体，所以，蝙蝠可以在一片漆黑的情况下避开障碍物或锁定猎物。鲸目动物如鲸和海豚也是利用超声来导航的，也许还利用其进行交流。

　　声呐就是模仿了这种天然的系统，它在水下发出超声的频率范围为 1 万赫兹到 1000 万赫兹。声音在水中的传播速度比在空气中快 3 倍多，大约是 1500 米/秒。声呐发出的超声在水中通过一个超声波传感器（类似于扬声器的工作原理）传送，由方向性水听器（类似于扩音器）探测。回声的方向指明了目标物的方位，而目标物所处的范围或距离可以根据声音信号从发出到返回所花费的时间计算得出。目标物的方位和范围可以在电视用显示屏上显示出来，或者通过计算机进行处理。

　　声呐的一个简单的应用是回声测深法——通过测量声音从海底反射回船体所花费的时间可以计算出船底之下水的深度。商业渔船利用鱼群探测器的简易设备来定位鱼群所在，而鱼群探测器的原理就是声呐回波，这也是一个运用回声定位法的实例。更为复杂的设备是侧扫声呐。侧扫声呐可以发出与装载着它的船只航向成直角的窄束超声脉冲信号，所有回波被计算机逐行进行各种处理之后能够形成反射物的"图片"。

　　超声扫描在医学方面也有各种应用，对于人体内部结构检查而言，超声扫描被视为一种无害、无创的技术。孕妇可以定期对其子宫进行超声扫描，以检查胎儿的发育状况。其他可被扫描的器官包括大脑和心脏。超声探头以各种角度经过患者的身体表面，回波经过计算机处理之后建立起组织的影像图片。最终的声像图通常会显示在计算机屏幕上，也可以被打印出来作为永久记录。

　　→超声在声呐中的实际应用之一是鱼群探测器，渔船利用其定位鱼群。另一个应用是：超声脉冲可对人体组织进行安全、无痛的扫描，比如对母体子宫内的胎儿进行扫描（如右图）。

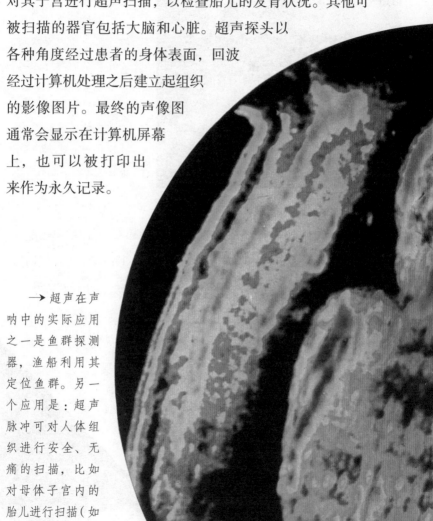

← 一些蝙蝠以超过 6 万赫兹的频率发送超声波脉冲。蹄蝠通过叶状鼻子发送脉冲，并用它们的大耳朵收集回波。蹄蝠可以在密集的树叶中捕猎飞蛾，并能够准确分辨出飞行的昆虫与飘动的树叶。它们甚至会利用多普勒效应——目标物运动的变化造成的回波频率的一种变化——来判断猎物正在飞向还是远离自己。

工程师利用超声探头来检测铸件以及电焊接处的裂纹。来自金属结构内部的回波被转化成可在计算机屏幕上显示的信号，显示出任何孔洞或瑕疵的位置所在。农夫利用超声回波来测量其饲养的肉用动物的脂肪厚度。在工业领域，可利用超声清洁器来清除元器件上的油渍——特别是在电镀膜之前。把需要清洁的元器件浸入装有溶液的容器，超声传感器通过使溶液振动而加强其清洁效果。

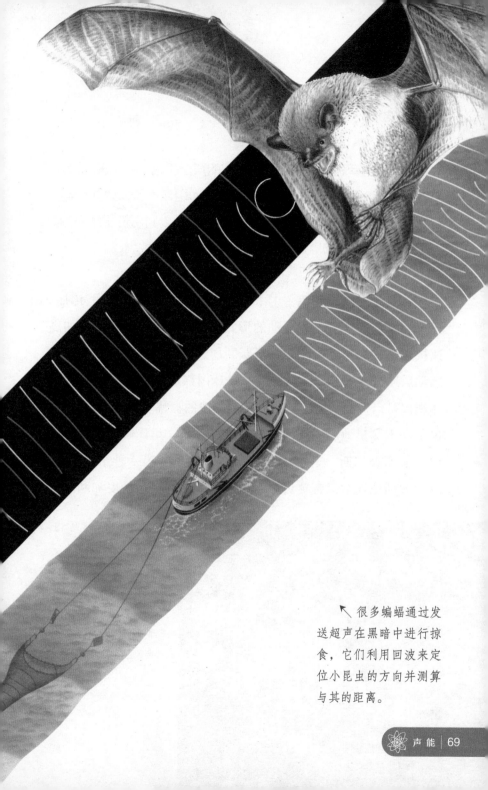

很多蝙蝠通过发送超声在黑暗中进行掠食，它们利用回波来定位小昆虫的方向并测算与其的距离。

次 声

次声由音高低于人类可听范围的声波组成——小于 20 赫兹。然而，有些动物可以听到次声。利用次声，大象可以与 4000 米以外的同伴进行交流；狩猎蜘蛛可以利用位于腿部的听觉器官听到猎物靠近的脚步声——次声。

和其他形式的声音一样，次声也必须通过介质才能传播。频率非常低的声音是以振动的形式被人类"感知"的，例如高速机器运转时振动的感觉；活跃断层运动或地震时地面摇颤的感觉。地震波从震源（震心）穿越地球内部或沿着地表进行传播。测震仪可以探测和记录地震波。地震波的振幅表明地震的强度，也是用于测量地震强度的里氏震级的基础。里氏震级是由美国地理学家查尔斯·里切特于 1935 年设定的。另一种于 1931 年以意大利地理学家吉赛贝·麦加利的名字而命名的麦加利震级

← 近距离内，大象通过象鼻发出声响，或者象鼻的触碰来实现彼此的交流。远距离时，大象通过喉咙发出低沉的次声，这种次声可被另一头在 4000 米以外的大象听到。

↑ 由地震引起的地震波可造成大面积的损坏。这个陈旧的木结构房屋就是被地震波震毁了地基而解体。这起地震发生在 1989 年的旧金山海港区（靠近圣安德烈亚斯断层），地震震级为里氏 6.9 级。

（共分 12 度）是以破坏程度为基础设定的。

　　地震波有 3 种主要类型：S 波（横波），以相对于波的传播方向呈直角振动岩石；P 波（纵波），以压缩波在岩层内部传播，类似于声波在空气中的传播；L 波（面波），以上下运动沿表面传播，类似于水波。

　　测震仪主要有两种，它们都依赖于一个重的金属物体的惯性。当地震引起大地震动时，由于惯性，测震仪上的其他部件都或上下、或左右地随之振动，而这个金属物体仍倾向于保持静止，连在金属物体上的一支笔则在一个转鼓上的一张纸上绘制出地震活动的轨迹。

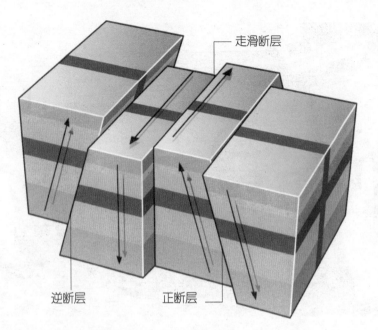

走滑断层

逆断层 正断层

↑ 地震波（以及地震）在巨大的地壳板块沿一条断层线相互彼此滑过时产生。起初地壳板块会抵抗这种运动，但之后会突然下落，此时就以地震波的形式释放能量。上图展示的是三种常见的断层形式。

地震波在不同密度的岩层中的传播速度是不同的。地质学家和采矿者利用这一点来研究岩层的结构。他们在岩层底部钻一个洞并引爆放入洞内的炸药，根据一系列由测震仪收集到的波可以揭示出其他构成物质的存在，例如地下矿物沉积——尤其是石油——的存在。类似的测震仪也被用来探测地下核设施的爆炸。

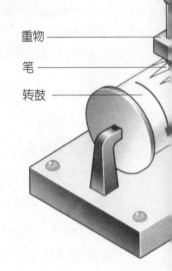

重物

笔

转鼓

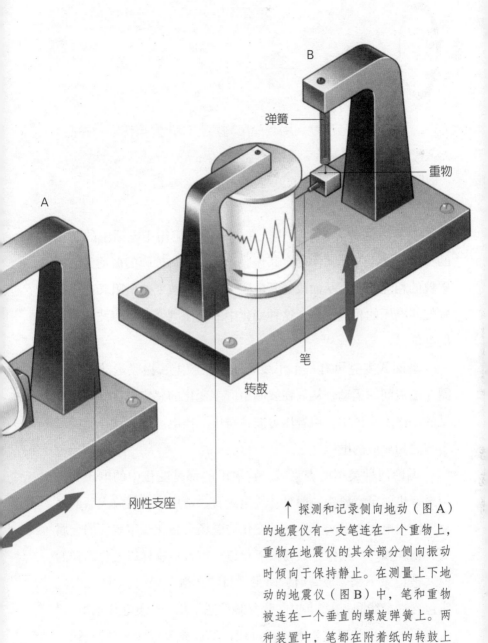

B

弹簧

重物

A

转鼓

笔

刚性支座

↑ 探测和记录侧向地动（图 A）的地震仪有一支笔连在一个重物上，重物在地震仪的其余部分侧向振动时倾向于保持静止。在测量上下地动的地震仪（图 B）中，笔和重物被连在一个垂直的螺旋弹簧上。两种装置中，笔都在附着纸的转鼓上绘制出了轨迹。

录 音

现代录音方法是利用麦克风将声音转化为电信号，并把这些信号存储在磁带或压缩光盘上，或把这些信号以起伏的沟槽形式记录在塑料唱片上。

麦克风的种类多种多样。在一种以前应用于电话中的简单的类型中，声波使薄薄的金属振膜产生振动，振膜的振动又引起碳粒的相互挤压，从而改变其电阻。而这种改变的电阻又造成碳颗粒间电压的相应变化，这种变化中的电压则变成与声波相对应的电信号。

动圈式麦克风有一个小线圈连在振膜上，振膜运动引起线圈在磁极间的运动，从而在线圈中产生变化的感应电流。在最常见的晶体麦克风中，声音压力波"挤压"压电晶体，这样就能产生与之相对应的电压。

无论何种类型的麦克风，它输出的都是变化中的电压。磁带录音机的录音磁头一般是一块电磁石，被用来获得放大后的麦克风输出电压。磁头上形成的变化的磁场会磁化磁带表面的金属氧化物颗粒——通常是铁粉或氧化铬，声音就这样以磁化颗粒的模式被记录下来。放音时，磁带经过"读取"磁头，"读取"磁头包含一个线圈，在线圈中，磁化颗粒感生出一个变化中的电压。麦克风的输出就以这种方式被再现，经过放大器传入扬声器时，又被重新转化成了声音。

但是模拟录制方法会失真并受到其他信号（噪声）的干扰，数字录制方法克服了这些困难。通过"取样"，模拟信号被转化为数字信号。现代 CD 设备的取样率为 44 100 次 / 秒（44.1 千赫兹），快到足以保证人类所能听到的任何声音都被取样至少两次。信号的振幅被测出，电压被转换为由开闭电流脉冲组成的数字信号，每个电压以一个由 1 和 0 组成的 16 数位的二进制数字来表示。这就使 65 536 个不同级的信号能被采样。现行的行业标准为 16 位采样，但在录音棚中，为了更好地重现精度，采用的是 24 位采样率。纠错信号被添加到最终的二进制数字流中，被记录在数字音频磁带（DAT）或压缩光盘（CD）上。

信号以精微凹点的螺旋形式被"写"到压缩光盘上。在一张直径为 12 厘米的光盘上有约 30 亿个凹点，代表长达 75 分钟的录制时间。凹点的长短不一。在 CD 播放器中，透镜将激光束聚焦到高速旋转的光盘下表面，照射到相邻的凹点之间的光点反射到光敏探测器上。照射到凹点上的光被散射而不会被传到探测器上。这就好像在探测器上，激光快速明暗闪烁，导致探测器的输出信号产生时有时无的快速变化。这就是数字信号，可以被解码并被放大，产生原始声音。读取装置（激光束）与光盘表面没有接触，因此它有很长的使用寿命。CD 和 CD-ROM 运用了同样的原理，被用来记录视频信号或数据。

所有形式的录音都是依靠麦克风把气压中的振动——声波转化为电信号。绝大多数的专业录音都使用动圈式麦克风，在这种麦克风中，声波引起振膜振动——振膜是连着一个安装在永磁铁磁场中的线圈的。磁场中线圈的运动使线圈内感生出变化的电流，这些变化的电流就形成了麦克风的音频信号输出。其他种类的麦克风使用了碳颗粒、压电晶体或者金属条。

开/关键

动圈

磁体

振膜

→ 来自各种麦克风的信号在录音棚中通过一个放大器传到控制台，在那里它们可以被调至平衡，而后再储存到多轨磁带上，每条音轨储存一种信号。随后，把各音轨混合在一起，只生成两条音轨——每个立体声道对应一条音轨，被存储在一个母带上。该母带可用于在盒式磁带上制作多扮拷贝；或将其制成母盘，用来大量压制音频磁盘。如果声音是以数字形式录制的，母盘就可以采用压缩光盘（CD）的形式。虽然数字音频磁带（DAT）在20世纪90年代初期就开发出来了，但乙烯基磁盘和磁带携带的仍是模拟信号。压缩光盘采用数字处理的方法来帮助消除信号读取时的错误，以生成更好的音效。

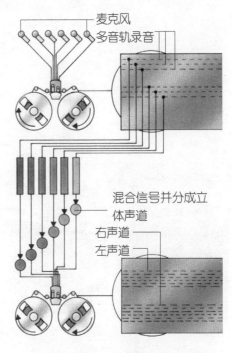

麦克风
多音轨录音

混合信号并分成立体声道
右声道
左声道

↑ 在混音时，录音师可以在每条音轨上操作，增大其音量或扩充音调范围，或去除噪音。多通道系统会使听众感觉自己沉浸在乐声之中。

← 当录制几种噪音或乐音时，每种声音都通过各自的麦克风输出到控制台。不同的声音分开显示在屏幕上，演播室的控制室通常被隔音窗隔开。对于管弦乐队而言，每一种乐器都有其各自的麦克风（独奏者也会各自独有一个麦克风）；这些分开的录音必须由录音师"混合"在一起。对于演奏电子乐器的乐队而言，每件乐器的音频输出会被直接传到控制台。在那里，录音师操作混音器推子来使各种输出达到平衡谐。有时，录音师会在多种声音输出传到多轨录音设备之前，把两个甚至更多的信号糅合在一起。

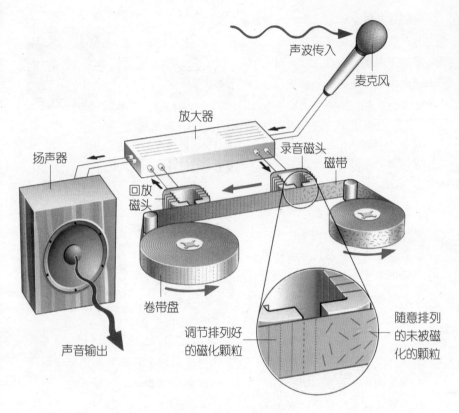

声波传入

麦克风

放大器

扬声器

录音磁头

磁带

回放磁头

调节排列好
的磁化颗粒

随意排列
的未被磁
化的颗粒

卷带盘

声音输出

↑ 录音磁带使声音的永久记录作为磁带上磁化颗粒的排列模式——磁化颗粒主要由氧化铁和氧化铬组成。来自麦克风或无线电接收器的声音信号被放大并被传送到相当于录音磁头的一个电磁体的绕组中。绕组中变化的电流产生一个变化的磁场，对磁带上的颗粒进行排列。在放音时，走动的磁带带动着排列好的颗粒经过回放磁头时产生一个变化的信号，变化的信号经放大后被传到扬声器。

光和光谱

光的产生

日常生活中所有用于产生光的装置，从蜡烛或电灯到荧光灯管或激光，都依赖发生在原子内的过程——所有的这些过程都与电子有关。

在中性原子中，电子因能级的不同占据着不同的轨道：距原子核最近的轨道能量低，而更靠外的轨道能量较高。例如，通过加热可提

← 一盏油灯有一个灯芯浸在装着煤油的容器中。由于毛细作用使得煤油缓缓上升到灯芯（被金属罩盖住了）上。当灯芯被点着时，煤油中的碳原子吸收热能并在火焰中放出光。通过调整灯芯的高度可以控制火焰的大小和强度。

→ 许多灯塔（如右图所示）使用高能电灯产生从很远就可以看到的强光束。有一种这类用于闪光的电灯是一种含有氙气的放电管。较小的氙气灯使用在急救车和民用机场中。

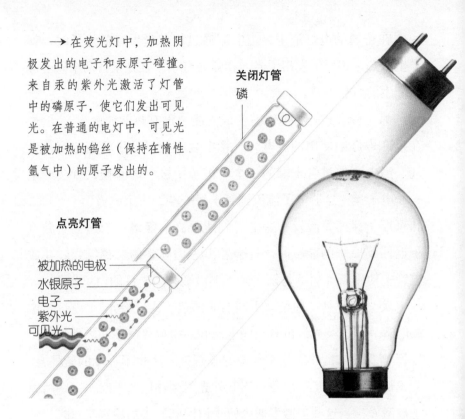

→ 在荧光灯中，加热阴极发出的电子和汞原子碰撞。来自汞的紫外光激活了灯管中的磷原子，使它们发出可见光。在普通的电灯中，可见光是被加热的钨丝（保持在惰性氩气中）的原子发出的。

关闭灯管
磷

点亮灯管

被加热的电极
水银原子
电子
紫外光
可见光

供给原子额外的能量，电子通过吸收额外的能量跃迁到更高能级。但是，它们在这种受激状态下是不稳定的，会很快跃迁回原来的轨道上。出现这种情况时，它们所吸收的额外能量就以光的形式散发出来，散发出的光的波长（颜色）因受激元素的不同而异。

光能够以不同的方式产生出来。主要区别在于提供给原子额外能量的方式。蜡烛或油灯的火焰中，来自蜡或油中的碳氢化合物中被加热的碳发出光。在煤气灯中（火焰外有一层罩），热也是光的能量源，外罩中的钍金属原子发出强烈的白光。

在普通的电灯泡中，当电流通过细钨丝做成的灯丝时，就产生了热；钨原子发出了光。在弧光灯中，强光来自两个碳电极间产生的白热火花。

另一种方式是将电能转变成光能（没有热能的参与），例如在氖广告灯中使用的放电管。管中装有处于低压状态的痕量氖气，当电流通过管末端的一个电极（阴极）的时候，就会产生一股电子流。这股电子流流到管子另一端的一个电极（阳极）时，和氖原子碰撞，激发一些电子到达更高的能级。当这些受激电子返回到原来的能级时，就会发出人们熟悉的红色氖光。在放电管中使用氙气而不是氖气会产生摄影时闪光灯的白炽光。

荧光灯管是一种稍微不同的非加热（或"冷光"）电灯。像放电管一样，荧光灯也有一股电流和两个电极，不同之处是荧光灯管中的气体是处于低压状态的汞蒸气，产生不可见的紫外光。荧光灯管内壁涂了一层磷，当紫外光射到这层磷上时，一些磷原子被激发。当这些被激发的磷原子返回到原来的稳定状态时，它们就放出可见光。

不同种类的磷产生不同颜色的光。这些磷还被用在电视或计算机屏幕的内部，在那里，它们被阴极管中的电子流激发并产生光。

磷是荧光物质，也就是说它们在激发辐射（紫外光或者是电子流）停止后也就停止发光。类似的现象是磷光，但是，磷光在激发辐射停止后还会继续短暂地发光。这就是一些荧光物质如发光涂料在吸收了日光后会在黑暗中发光的原因。

反射和折射

当光线从一个透明的介质传到另一种不同的光密度介质时——例如从空气到玻璃中，就不会继续沿相同的直线路径传播。在进入到密度更大的介质中时，光线路径弯曲，偏离了法线，这种现象称为折射。折射量的大小取决于介质的光密度。

光线的传播遵循荷兰数学家、物理学家威尔布洛德·凡·罗伊恩（1580 –1626）提出的斯涅尔定律。该定律指出：特定波长（颜色）的光线，其入射角与折射角的正弦之比为一个常数。这个常数就是和介质有关的折射率。

→ 透镜包括两种，分别是凹透镜（发散）和凸透镜（汇聚）。光线通过凹透镜时会发散，产生变小的像，如艺术家使用的缩小镜（右图 ）。光线通过凸透镜时，光线汇聚到一个焦点上，能形成放大的影像，如放大镜（右远图）。透镜利用了折射现象，使得水杯中的画笔（右上图）看上去发生了扭曲。

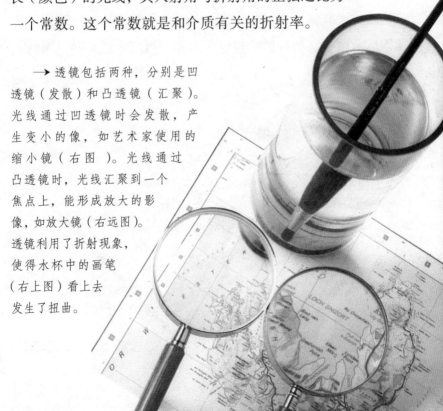

例如，水的折射率是 1.5，镜头玻璃（在照相机镜头中使用）的折射率约为 1.3。

光在密度较大的介质中传播得较慢。折射率的另一种定义是它等于光在光密介质中的传播速度和在真空介质中的速度之比。光在空气中的折射率基本上和在真空中的折射率是一样的，假定为 1。

折射角对于制作透镜和决定透镜性能非常重要。透镜有两种基本类型，一种是凸透镜，其中间比较厚（如放大镜）；另一种是凹透镜，其边缘比较厚（如近视眼镜）。光线沿着两种透镜的轴穿过中心时，是沿直线传播的。但是当光偏离凸透镜的轴进入时，会朝向轴发生折射（弯曲），并再次在离开透镜时发生折射，因此所有平行于透镜轴的光线都在镜后焦点处汇聚。凹透镜折射光线偏离透镜的轴线，平行于凹透镜轴的光线在穿过透镜后分散，这些折射光被看作来源于与位于透镜同一侧的入

↘ 在一个复合显微镜中，光线被一个次级镜面反射开，从而照亮了标本。通过物镜产生了标本的一个放大的像，这个像通过目镜后被进一步放大。总的放大率是目镜和物镜放大率的乘积。

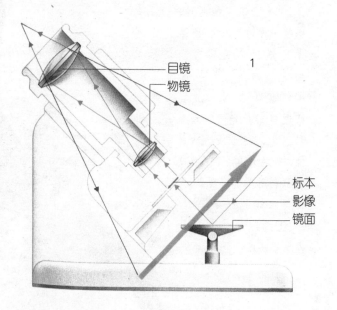

目镜
物镜

1

标本
影像
镜面

射光的焦点。

由于上述这些基本特征上的差异，凸透镜也被称作汇聚透镜，或者是正透镜；而凹透镜被称作发散透镜，或者是负透镜。凸透镜形成实像还是虚像取决于物体相对于透镜焦点之间的位置。凹透镜总是产生虚像。

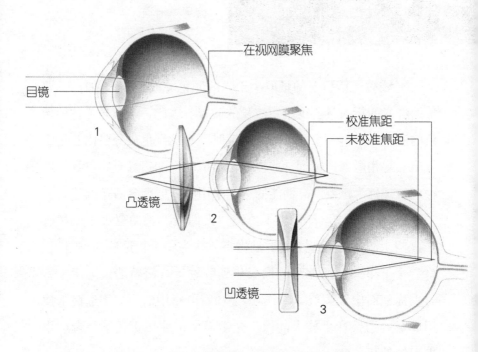

在视网膜聚焦

目镜

1

校准焦距

未校准焦距

凸透镜

2

凹透镜

3

↑ 眼睛中的晶状体是一个凸透镜，可以把物体的像带到眼睛后部视网膜的一个焦点上（1）。该像是倒像，但是大脑将其正过来。当人的眼球前后变短的时候就形成了远视眼，因为此时眼睛晶状体试图将光线聚焦到视网膜后面。通过佩戴凸透镜眼镜（2）可以将远视校正过来。如果眼球前后过长则形成了近视眼，因为光线聚焦在视网膜前面，通过佩戴凹透镜（3）可以校正近视。

←植物卷须上的水滴形成
球面透镜，在其上产生出位于
其后面的完美的花（倒立的）
的像。所有的透镜都是利用折
射现象，即光线从一种光介质
传到另一种光介质时发生弯曲。
早期被用作汇聚蜡烛和油灯的
光的透镜是一些简单的装水的
球状玻璃器皿。

　　光线被透镜折射的量取决于光的颜色（波长）。例如，长波
长的红光的折射量要少于短波长的蓝光。因此，当白光（各种颜
色的混合）穿过一个简单的凸透镜时，它的红色成分要比蓝色成
分聚焦得稍微离透镜远一些。透镜形成的像的边缘有彩色纹，这
种现象被称为色差。高性能的透镜采用两种玻璃会消除色差。

　　许多光学仪器都采用了透镜。人们最熟悉的莫过于照相机
了，它采用一个凸透镜（或者是将整体作为一个正透镜的透镜组）
将一个上下颠倒的缩小的像聚焦到胶卷上。简单的望远镜（有
时也称地面望远镜）、双筒望远镜和看电影用的小型望远镜都使
用成对的透镜产生放大的像。光学显微镜使用正透镜组合产生
更大的像。

　　和地面望远镜有特定的正立透镜不同，天文望远镜利用透
镜成的是倒像，这就解释了大多数早期的航天员绘制的月球和行
星的画片和照片上显示其北极朝下的现象。天文望远镜的尺寸决
定着其放大的程度，但是透镜的重量和精确制作的难度限制了天
文望远镜的发展。

散射和折射

光线从一种介质传播到另一种介质时（如从空气进入到玻璃时），会弯曲——折射。光线弯曲的程度取决于它的波长——波长和光的颜色有关：蓝光比红光弯曲的程度大。正是由于这个原因，比如通过一个简单的凸透镜成的像，边缘会有彩色纹——组成白光的不同颜色被聚焦的位置稍有不同。透镜的这个缺陷称为色差。

白光穿过玻璃三棱镜时，不同的波长在进出三棱镜时弯曲成不同程度。结果，成分波长展开形成一个光谱，光谱范围：一端为紫和靛蓝，中间依次为蓝、绿、黄，另一端为橙和红。光谱形成的这种现象被称作散射。自然界中人们最熟悉的散射例子是彩虹，当日光照射到空气中的雨滴发生散射和反射时，便形成这种现象。

当光线穿过一个非常窄的缝隙时也会发生弯曲，这种现象称为衍射。此时，红光比蓝光弯曲程度更大。名为衍射光栅的试验器材是由一块每厘米上标刻着 5 000 ～ 10 000 条细线组成的玻璃板，当一束白光穿过这种光栅时就会被分裂形成光谱。当物理学家、天文学家或者是化学家想要分析特定光源的光谱时，他们会利用衍射光栅而不是三棱镜形成光谱进行研究。

→ 彩虹是由于光在雨滴内发生散射而
形成的——正如白光穿过三棱镜形成光谱
一样。但是我们所看到的光谱色，比如孔
雀羽毛的颜色却是由另一种现象——衍射
引起的。在主彩虹中（右远图），光线以约
41° 角到达我们的眼睛前被雨滴折射一次。
在晴朗的天空上也可能在主彩虹外侧出现
副彩虹。这是由于光线在雨滴内发生了双
折射：光线以约 52° 角进入我们的眼睛——
此时彩虹光谱颜色的顺序是反的。

↘ 当白光穿过
一对狭缝或者被排
列紧密的羽毛折射
时，各成分波长（颜
色）被衍射的程度
稍有不同。同步的
光线会强化，并产
生亮光的干涉带。
最终形成多色干涉
条纹。

混合彩色条纹 ——

复合条纹

白光

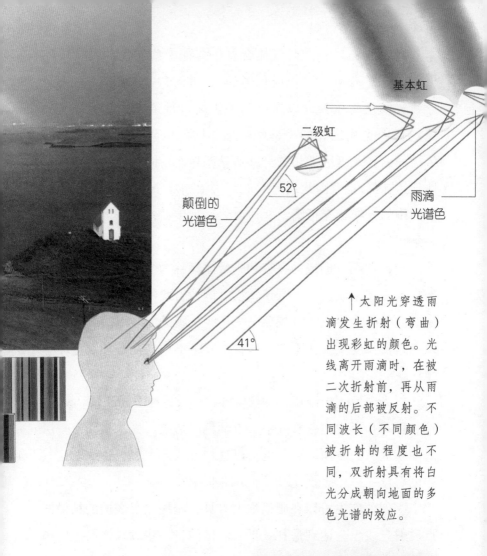

基本虹

二级虹

颠倒的
光谱色

52°

雨滴
光谱色

41°

↑太阳光穿透雨滴发生折射（弯曲）出现彩虹的颜色。光线离开雨滴时，在被二次折射前，再从雨滴的后部被反射。不同波长（不同颜色）被折射的程度也不同，双折射具有将白光分成朝向地面的多色光谱的效应。

→肥皂泡上看到的颜色是一种干涉现象——从肥皂膜前部被反射的光线和肥皂膜后部被折射开的光线相互干涉产生。当日光在水面上的薄油膜表面被反射开，或者光从压缩光盘表面上被反射开，也会发生类似的现象。

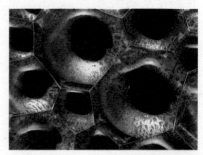

当光线穿过狭缝时可能会发生其他一些有趣的现象。如果单色光（有单一波长或色彩的光）穿过一对狭缝，衍射会导致光线从每条狭缝以所有角度扩展。每条光线必须在从狭缝到置于光线之外的屏幕间传播不同的距离。如果两条光线传播的路径长度因波长的全部数量差异而不同，它们步调一致地到达屏幕，也就因此强化了彼此，并在屏幕上产生了一道亮线，不同步的光线相互抵消，这种现象称为干涉，其在屏幕上形成一条暗带。

这种情况下形成的亮带和暗带图案称为干涉条纹。间或不同步的光波也能够产生干涉条纹。例如，两片玻璃之间的一层薄的空气膜会导致干涉现象——光线从膜的上、下边缘表面反射在路径长度上有所不同。这种情况下形成的同心环纹称作牛顿环。

白光也发生干涉现象，但这种情况下，各种不同波长（颜色）独立影响，形成包含彩虹中所有颜色的边纹。光从水面上一层薄油膜上、下表面被反射也会以这种方式产生彩色边纹。这些颜色来自一种光学效应，而不是油本身。

类似效应也可以在肥皂泡上看见，压缩光盘表面的精微凹点反射光线也会达到这种效果。同样的，一些蝴蝶翅膀上的鳞片和鸟类的羽毛上也会由于光线发生折射出现干涉条纹。

激　光

激光器是一种采取标准光源刺激原子产生相干光（所有的光波同步）的仪器。"激光"这个词是"受激辐射发射的光放大"的英文缩写。简单的激光器基于圆柱红宝石晶体，一端镀银形成一面镜子。水晶的另一端半银制或有一个中央孔，因此可以反射一些光并让一些光通过。

闪光管（如摄影师用的闪光灯）被晶体缠绕，当它闪烁时，闪光激发了红宝石中的一些原子，导致这些原子内的电子跃迁到

↑ 一束激光划破城市的夜空向无尽的远方延伸，并证明了其是沿着直线传播的。这样的激光束甚至已经被投射向月球，然后被"阿波罗号"航天员留在月球上的镜子反射，折回地球。这已经被用于精确测量地球和月球之间的距离。

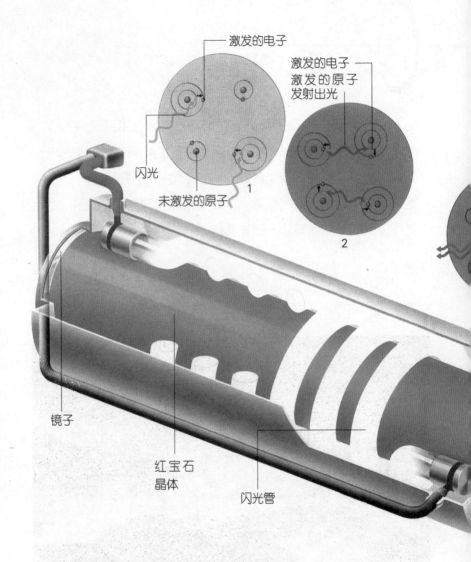

激发的电子

激发的电子
激发的原子
发射出光

闪光

1

未激发的原子

2

镜子

红宝石
晶体

闪光管

↑在闪光管中强光的闪烁中，红宝石原子中的一些电子被激发到高能级（1）。这些电子随后转回到一个较低的能级（依然比普通的能级高）（2）。在下一次闪光中，这些电子吸收更多的光，当跃迁回普通能级时就发射出连贯的激光（3）。

←红宝石激光——一种最早开发的激光类型——能够以短脉冲的方式产生射激光。当红宝石晶体中受激发原子发射出光的时候，光便在晶体末端的镜子间来回反弹。但是在一个镜子的中心具有一个孔（或者镜子是半银制的），脉冲就穿过这面镜子发出。诱导闪光也在镜子上产生内部反射，于是所有受激发原子步调一致（它们的光波步调一致）地发射出它们的辐射，产生了一个连贯的激光脉冲。激光器中所使用的红宝石是一种金刚砂矿石（氧化铝）的合成形式。第一台激光器是由西奥多·梅曼在1960年制造出的，它可以产生超过阳光亮度1000万倍的单色闪光。

激光

3

↙激光可以产生连贯的单色光，并且所有的光波相互之间都精确地保持步调一致。这种激光束能量的有效集中可以被用来精确地切割成堆的布料或厚金属，甚至还可以被用来切割钻石。

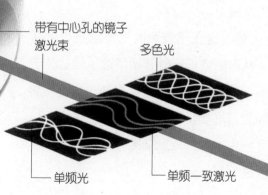

带有中心孔的镜子
激光束

多色光

单频光

单频一致激光

更高的能级。当闪光管关闭的时候,电子便跃迁回较低的能级——但是依然比最初的能级高。通过这些原子,光能进一步发散,导致它们发出激光——当电子最终返回其最初的能级的时候。

这些光在晶体内被来回反射,不断地激发越来越多的红宝石原子发出光。有些光表现为通过半银制镜子或通过一面镜子的孔的激光脉冲。红宝石激光只能产生短时的激光爆发,但利用二氧化碳或其他气体而不是用红宝石晶体的激光器可以产生持续的激光,并且气体原子可以被高频无线电波(而不是被闪光)激发。

自从激光在 20 世纪 60 年代首次创造出来后,就在许多方面得到应用。在医疗中,激光束可作为一把很好的小手术刀以去除皮肤上的斑点和小赘物,并且可以用来灼烧破裂的血管使其闭合,还可以黏合眼睛中脱落的视网膜。激光束还可以沿光纤探到身体内部。光纤和激光还用于无线电通信中。红外激光束调制后可携带数据、电话信号和电视节目,或者将这些信息一次性地在光迁导管中传输。它们使用低功率半导体二极管激光器——可做得很小,以安装在便携式光盘播放机中。

激光光束是以直线传播的,这在建筑业的水准测量仪上非常有用。英吉利海峡隧道(从海峡两端同时开始凿进)的建造者使用激光束来确保隧道的两半部分沿正确的方向掘进。在土耳其的博斯普鲁斯大桥和美国加利福尼亚州的圣安德斯断层(两个地区都是地震多发区)上都有一束永久激光束瞄准一个探测器,以对最轻微的地层运动做出预警。

激光可以用来产生一种被称作全息图的像,用以储存 3D 图形和检查伪造的信用卡。

不可见辐射

光是一种电磁辐射。在可见光谱之外，比可见光波长更短的是紫外辐射。人眼无法看到紫外光，但是一些昆虫可以看到。在可见光谱的另一侧，比可见光波长更长的是红外辐射。一些动物如蝮蛇可以探测到红外辐射。比周围环境温度高的多数物体都发出红外辐射。

太阳发出包括可见光在内的各种辐射，大多数紫外线都被地球大气层上部的臭氧层阻挡，包括热射线的红外辐射可以达到地球，它们来自 1.5 亿千米之外。

电磁光谱在紫外线和红外线之外继续延伸。波长范围为 1 ~ 10^{-6} 纳米的更短波长包括 X 射线和 γ 射线。可以用电子流轰击金属原子使其不稳定并产生变化而得到 X 射线。在一根 X 射线管中，阴极是一根被极端高压（高达 200 万伏特）电流加热到红热状态的金属丝。阳极是一块铜，铜上通常有水管以使其保持冷却。铜上连着一根重金属钨，形成靶标。

电子流从阴极发出，射向靶标，于是钨原子被激发，导致其电子"跃迁"，从而发出 X 射线。X 射线与电子流呈直角发出并穿过 X 射线管一侧的一扇"窗户"。X 射线的能量取决于施加于 X 射线管上电压的大小。X 射线主要被应用在医学中，另外它在分析科学中也得到了一定的应用。

在地球上，X 射线并不会自然产生——尽管某些恒星和其他天体可以发射出 X 射线。γ 射线也是如此，但是其能量比 X 射线更大。它们都是地球上各种放射性元素如镭和铀的同位素衰变时的伴生物。与由原子中电子的激发而产生的 X 射线不同，γ射线是由于原子核的变化而产生的，它们通常被用来制作金属物体的"X 射线照片"，也可以用来给食物和医疗设备杀菌和消毒。

↓ →光谱中最短波长端是 γ 射线，利用放射性钴产生的 γ 射线拍摄一张汽车"照片"需要曝光 50 个小时，如右图所示。与之相邻的是一张关于一条蛇刚刚吞食一只青蛙后的 X 射线照片。下图显示的花的照片是蜜蜂眼中看到的花朵紫外线图像，以及在可见光波长范围内人眼可以看到的熟悉的花朵图像。红外辐射可以被用来制作热影像（通过记录物体发出的热量得到），右图显示的就是一张人的红外线热图像。右下图显示的是在光谱微波区域内得到的星系图像。

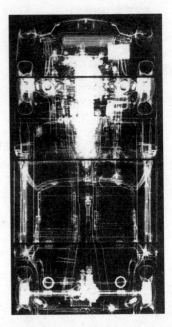

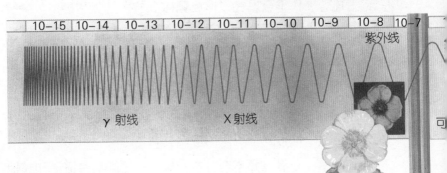

γ 射线   X 射线

紫外线

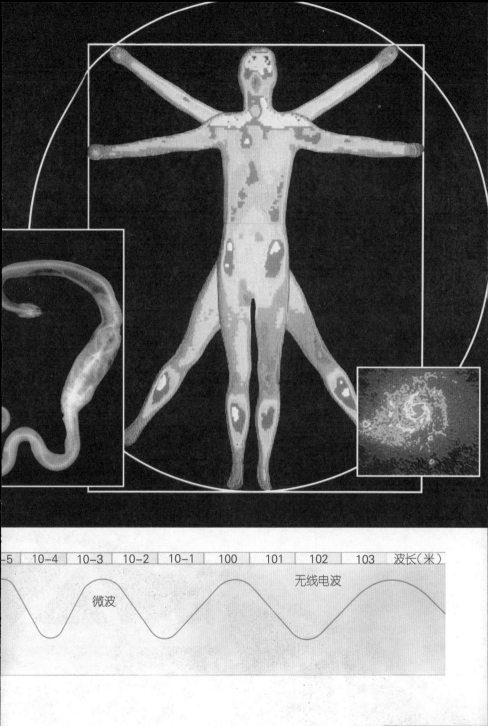

| | 10^{-5} | 10^{-4} | 10^{-3} | 10^{-2} | 10^{-1} | 10^0 | 10^1 | 10^2 | 10^3 | 波长（米） |

无线电波

微波

无线电波

电磁波谱中长波长的末端是无线电波。这些无线电波中波长最短的叫作微波，其波长介于 0.1 ～ 30 厘米，仅超过红外辐射的波长。它们被用于卫星通信、雷达、烹饪食物，也被用于局地直接的无线电通信。在地球上较远的距离内，微波信号必须在相隔达 50 千米的高塔之间进行传递。

微波产生于特殊的电子管中，其中有一个高频电场改变电子流的速度，这使得它们在一个金属空腔中共振，产生微波。一种典型的微波传播管是速调管，是由金属制成的，并在非常高的

↓ 无线电波的传播范围取决于波长。甚高频（VHF）微波（如用于 FM 广播上的微波）的有效传播距离达 50 千米（如果发射器在一座高塔上）。微波也能够被聚集成束传输到通信卫星上，并且能够被地面上的接收器再次传输。中等波长的无线电波能够探到电离层（大气中离子化气体层），而且通过蜿蜒围绕地球可以传送到很远的地方。

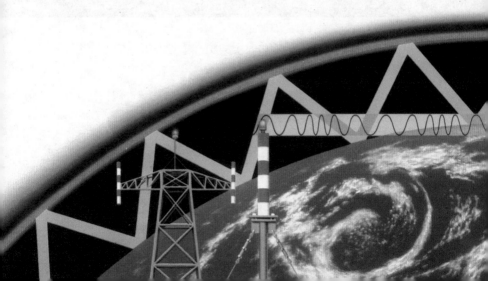

使用计算机分析无线电天文望远镜收集的微波信号，宇航员能绘制出太空中遥远区域的无线电地图。接收的无线电信号具有特定的波长——典型的约 10 厘米，并且由于信号的强度不同，计算机能够以各种颜色显示出它们。

↑ 外太空的许多物体发射的无线电波通常是微波。大的碟形天线（射电天文望远镜）能够接收到这些无线电波。因为微波（不像紫外线光和红外线）能够穿透地球的大气层，所以可以在地球上定位这些无线电波。红外望远镜必须置于太空中——因为红外线不能穿透地球的大气层。

电压下运作。碟形天线传输和接收微波，碟形天线聚焦一束微波就像一面曲面镜聚焦一束光线。

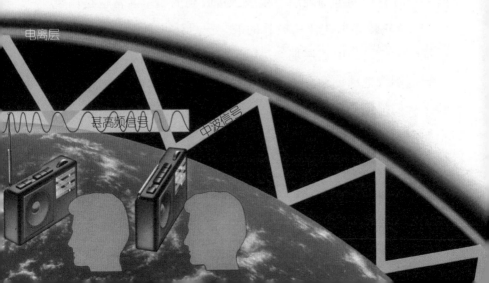

电离层

甚高频信号　　中波信号

正在形成恒星的区域和遥远的星际气体云会发射微波，这能利用大型射电望远镜探测到。和其他形式的电磁辐射一样，微波以光速在太空传播，收到的信号是极其微弱的，但能用微波激射器放大。微波也跟速调管一样，利用一个共振腔来产生连贯的微波辐射。

波长大于 30 厘米的电磁辐射通常被简单地称作无线电波，它们也是由导线或电子管中的振荡电子产生的，并主要应用于通信。实际的传输器由一根金属导线或金属杆组成，通过它们发射无线电波到大气中。

利用特别的技术使无线电波携带相关的语音、音乐或图片信号。传输器发出特定波长的连续的无线电波——载波。像其他波一样，载波有特征化的频率（每秒产生的波的数量）和振幅（波的高度）。载波传递的信号需要改变——调制。在接收站，广播信号由天线收集，然后进行检波，即撤掉载波。剩下的音频信号被扩大，使之能够在扩音器上使用。

在频率调制（FM）中，广播信号改变载波的频率。在振幅调制（AM）中，振幅被变化。FM 传输使用短波，因此，像微波一样，它们的范围限制于视线，接收到的质量通常也是比较好的。AM 传输可能使用极长的波——可达几百米。这些波能够探到大气层中电离层那么远的距离；如果足够强的话，它们甚至能围绕地球传输。由于来自电机器或电子暴的偏离信号能够干扰广播信号并产生静电，所以接收的调幅信号的质量通常不如调频信号好。

原子内部结构

亚原子粒子

基本的亚原子粒子（原子的成分）是电子、质子和中子。质子和中子通常位于原子核内部，原子核外是围绕轨道运行的电子。在 20 世纪初，随着各种粒子的发现，简单的原子模型逐渐出现了。

1897 年，英国物理学家约瑟夫·汤姆森（1856—1940）发现了电子。他研究了真空管阴极中发出的阴极射线，发现这些射线实际上是由微小的带电粒子（后来被称为电子）构成的。阴极射线仍用于电视机中的阴极射线管、雷达显示器和计算机终端中——这些装置利用电子束（来自一个阴极）激发显像管屏内部的荧光物质发光。

1911 年，新西兰裔物理学家欧内斯特·卢瑟福通过实验推断出携带原子大部分质量的是微小的原子核而不是原子中的电子的存在。他展示了原子核带正电的模型，后来发现带电的是质子（与电子电量相同，但电性相反）。卢瑟福也发现质子的质量比电子大很多。

原子核中质子的数量和外围轨道中电子的数量相同，因此整个原子不带电。每种元素包含不同数量的质子，其数量（也就是原子序数）赋予了特定元素的特性。但是质子的质量并不是原子核的整个质量（氢除外）。原子核其余的质量来自另一种重要的亚原子粒子——中子——1932 年由英国物理学家詹姆斯·查德威克（1891—1974）发现。中子不带电，其质量基本和质子质量相同。

　　根据后来的发现建立了原子结构的基本模型——原子核内部为质子和中子，原子核外围环绕着沿轨道运行的电子（已过时）。

　　除了质子、中子和电子之外，其他的亚原子粒子也被预测是存在的，并被用来解释原子和其他粒子的行为。这些亚原子粒子包括介子（质量介于质子和电子之间）和正电子（带正电，质量和电子相同）。

　　自 20 世纪 30 年代以来，随着回旋加速器等粒子加速器的发展，超过 40 种的其他粒子被确定了——尽管这些粒子在原子（通常是原子核）结构中的作用尚不清楚。

→ 1909 年，欧内斯特·卢瑟福的助手做了一个实验，一束 α 射线被发射到一片薄金箔上。多数粒子直接穿过金箔，但其他粒子以各种角度散开。卢瑟福分析后得出只有在金原子包含一个带正电的中央核子的情况下才会发生上述现象的结论。

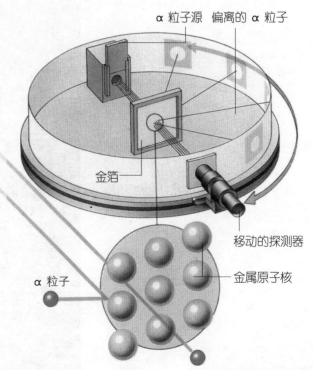

α 粒子源　偏离的 α 粒子

金箔

移动的探测器

金属原子核

α 粒子

这些粒子被分为两种类型：一种是没有明显内部结构的粒子，如电子、正电子、μ介子、中微子和τ粒子，它们被称为轻子；另一种是

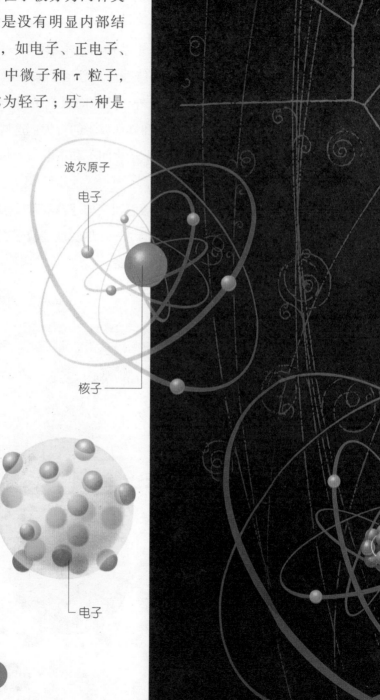

波尔原子

电子

核子

汤姆森原子

电子

←在 1897 年发现电子之后，约瑟夫·汤姆森提出球形质量原子中含有某嵌入的电子的观点。发现核子后，原子被认为具有一个带正电的中心原子核，原子核被电子云围绕着。后来尼尔斯·玻尔更正了这种观点，认为电子是沿着分离的轨道运动的。后来人们认识到原子核是由两种粒子——质子和中子组成的。最后默里·格尔曼提出：质子和中子都是由夸克构成的。多数粒子都是在气泡室中被研究的，它们通过液态氢被离子化后留下一条可以被拍摄下来的气泡轨迹，从这些轨迹中可以推算出粒子所带的电荷和质量。位于图像中央的红线显示的是质子的碰撞；卷曲的轨迹是由电子形成的。

有内部结构的强子，包括质子、中子和介子。

1964 年美国物理学家默里·格尔曼和乔治·茨威格提出夸克的存在，从而揭开了关于亚原子粒子的谜团。夸克是用来解释所有原子粒子的存在和行为而假设的基本粒子。

卢瑟福/查德威克核子模型

中子

夸克

质子

格尔曼核子模型

目前描述了至少 12 种夸克（以及反夸克），它们结合形成质子、中子和其他的亚原子（但不再是基本的）粒子。夸克带 +2/3 或 +1/3 个电荷。

质子包含分别带有 2/3、2/3 个 和 –1/3 电荷的 3 种夸克，因此质子的总电荷为 +1。中子里的 3 个夸克的电荷分别为 2/3、–1/3 和 –1/3，所以中子的总电荷为 0。介子只包括 2 个夸克。

核裂变

放射性元素原子的核子中发生的缓慢自发性分裂使其不稳定。利用中子轰击原子核可以加速这种分裂或使稳定的原子核变得不稳定。原子核吸收中子并分裂，释放出能量。这是因为裂变产物的质量比原子核的质量略微小一点，这些"丢失"的质量转变成了能量。

核裂变（原子核分裂）有时可以产生更多的中子。如果这些产生的中子又被其他随后分裂的原子核吸收，就产生了更多的中子，这就将产生一个迅速加速的被称为链式反应的过程。在不加控制的情况下，链式反应可以导致核爆炸。一个可控的核反应可以被利用以产生能量。

在受控核裂变中（即在核反应中）使用的第一种物质是同位素铀 –235。同位素铀 –235 只占自然界铀含量的极少比例（0.72%），自然界铀主要为稳定的同位素铀 –238。当铀 –235 从自然界铀中被提炼出来之后可以被用作核燃料。

如果轰击中子移动缓慢，更可能发生核裂变。在反应堆中的铀燃料周围充满着缓和剂如石墨或重水——氧化氘（D_2O）。在反应堆中还有控制棒，控制棒可以被放入反应堆核心以加速或减慢通过吸收一些轰击中子而形成的链式反应。反应棒是由硼和镉元素组成的。

→ 世界上几乎所有的核反应堆都被用来发电，尤其是在那些化石燃料储量匮乏的国家（譬如法国）。处理报废后的核反应堆以及处理或储存核燃料废物非常困难，这也使核电站不如最初阶段那样广受青睐。右图显示的是核反应堆中心之上的构台。从构台上可以放下控制棒和燃料棒。

核反应堆中心产生的高热被一种液体吸收，并输送到一个外部热交换器中。这种液体变得具有高度放射性，并且在反应堆的一个密闭系统中被回收。多数反应堆都使用加压的水作为冷却剂，给水加压是为了确保其可以达到很高的温度但不会沸腾——这种反应堆为加压水反应堆。目前出现了一种使用二氧化碳而不是水的先进的气冷反应堆。传导给热交换器的热量可以用来加热水使水沸腾产生蒸汽，驱动涡轮机发电。

使用浓缩铀或钚 –239 作为燃料的反应堆被称为快反应堆，这是因为在反应堆中没有缓和剂，因此反应堆的核心变得炽热而不得不使用液态钠金属作为冷却剂。

↓ →右图的扫描传输电子显微照片显示了一块有机铀盐晶体中被六角形包住的铀原子。铀－235是在核武器和核反应中最先使用的可裂变同位素。下图中的序列展示了链式反应（引发裂变）是如何发生的：一个进入的慢中子（热中子）与一个铀－235原子核结合形成不稳定的铀－236，然后铀－236迅速分裂形成两个更小的原子（例如钡和氪），同时释放出3个中子。这些中子继续使另外3个铀－235原子核发生分裂，释放出9个中子。以此类推，于是链式反应迅速加速。

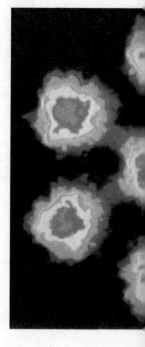

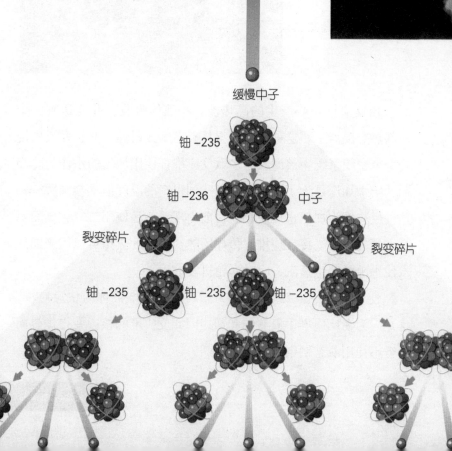

缓慢中子

铀 –235

铀 –236

中子

裂变碎片

裂变碎片

铀 –235

铀 –235

铀 –235

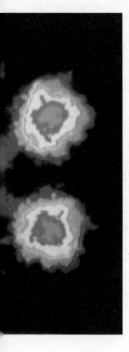

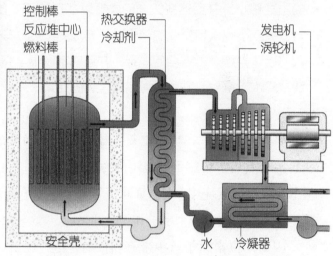

控制棒
反应堆中心
燃料棒

热交换器
冷却剂

发电机
涡轮机

安全壳

水　冷凝器

↑在上图（下部）所示的核电站中，核反应堆只是作为一种锅炉以加热水产生蒸气。气体或液体的冷却剂（可以使用加压水、二氧化碳或液态钠）越过核反应堆安全壳流经反应堆的炽热核心，到达热交换器。热交换器将水加热至其沸腾产生蒸气，蒸气传到与发电机连接的涡轮机上。小型的核反应堆已经使用在潜水艇和船舶中——如上图（上部）所示的破冰船。

核聚变

核聚变是一种轻原子的原子核结合形成更稳定、更重的原子核的核反应。核聚变通常发生在太阳和其他恒星上，在它们的核心有氢的"燃烧"。两个氢核（质子）结合形成质量为 2 的氢的同位素——氘。氘的进一步聚变导致氦的形成，同时释放出大量的光和热。在核裂变过程中，裂变产物比反应物的质量略小，并且这些失去的质量以能量的形式出现。然而，与核裂变不同，核聚变的产物并不是放射性的。核聚变反应堆因此被认为是一种安全的能源，并且成本低廉：氘可以很容易地从海水中得到，并且氚可以从常见的元素——锂中制得。

科学家们尝试在地球上复制核聚变，他们发现最好的核聚变起始物质是氘和氚（氚是质量为 3 的氢的另一种同位素）。在基本的核聚变反应中，1 个氘原子与 1 个氚原子结合形成 1 个氦原子，同时释放出一个中子和大量的热能。

因为同位素原子核中带有相似的正电荷，所以它们很难融合——除非是在极高的温度下（大约为开氏 1 亿度）。这种高温最初只有在氢弹爆炸的时候才能够达到，但是此时的核聚变反应无法控制。

目前科学家们正尝试制造可控核聚变反应，主要的困难在于：在如此高的温度下，结合的气体以物质的第四种状态，即所谓的等离子状态存在。带负电的电子和带正电的氢核分离，以获

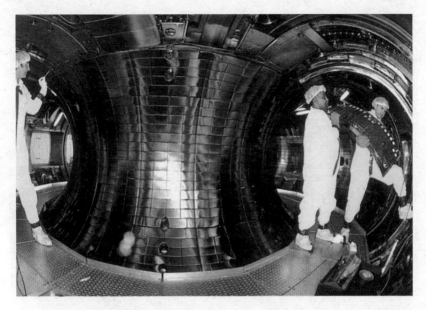

↑在托卡马克受控热核反应装置中具有一个多纳圈形的"罐子"，罐子里盛装着氘和氚的等离子体。在一个巨型变压器核心有一个强大的 D 形磁铁。磁铁创造出的磁场与流过等离子体的电流结合形成围绕高温等离子体的螺旋场线，以将等离子体保持在容器壁之外。这种设计已经被证明是可行的，但是可能只有在几十年后才可以从核聚变中比较经济地得到电能。

得一种完全离子化的液体，这种液体只能通过强磁场容纳——没有任何一种物理性容器能够承受核聚变反应所产生的极端温度。

通常解决核聚变中的问题的尝试是将等离子体装在一个磁性"罐子"里，这种罐子的形状像数字"8"或一个多纳圈。托卡马克受控热核反应装置包括一个被 D 形线圈环绕的圆环，线圈中的高压电流脉冲产生等离子体并且使其温度升高，产生的强磁场迫使等离子体绕着圆环的中间到达一个螺旋形路径。

另一种方法是使用长的磁"罐子"，罐子两端由磁镜封闭。装有聚变物质（氘和氚气体）的微小玻璃球被导入罐子中，并

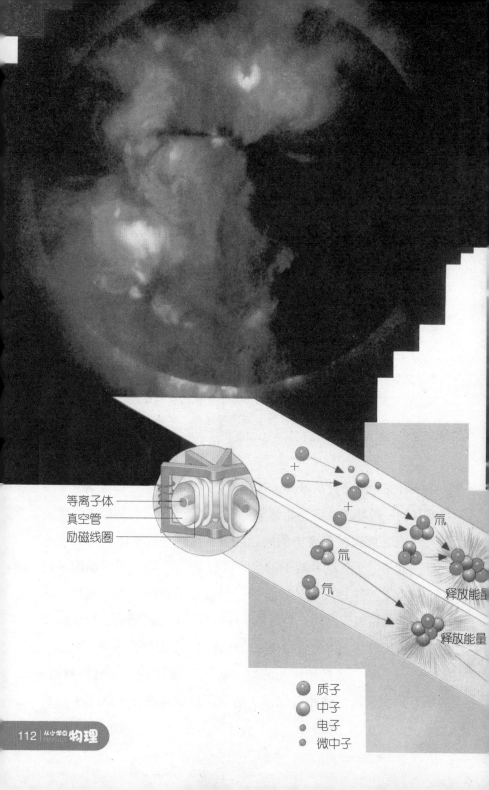

等离子体 —
真空管 —
励磁线圈 —

+

+

氚

氚

氚

释放能量

释放能量

质子
中子
电子
微中子

←　太阳和其他恒星从其内部发生的核聚变反应中获得了巨大的能量。太阳中所发生的核聚变大多与氢有关。首先，氢原子结合形成两原子的氢同位素——氘。然后氘原子在核聚变反应中结合形成氦，同时释放出巨大的能量和 2 个中子。在地球上尝试受控核聚变反应的时候，也使用氘，但是反应中另一个成分是三原子的氢的同位素——氚。这种核聚变的产物是 1 个氦原子和 1 个中子。

↑ 这是美国普林斯顿大学的托卡马克受控核聚变反应装置。

氦

太阳核反应

氦

托卡马克受控核聚变反应

且被激光光闪轰击。这使玻璃汽化，并且使气体达到等离子状态和核聚变发生所需要的温度。

科学家在磁约束和激光向心爆炸等方面继续进行了许多研究，但是一个持续的可控核聚变反应仍然只处于论证阶段。在托卡马克受控热核反应试验中，可以达到开氏 1 亿度以上的高温，但是同时无法达到所需求的脉动磁场。

波和粒子

电子首先是在阴极射线中被发现的，阴极射线是在真空管（或阴极射线管）中的被加热的阴极发射出的粒子流。物理学家在电子被发现不久之后就测量出了电子的质量，发现电子的质量约为氢原子质量的 0.0005 倍。今天他们利用复杂的设备将电子加速到极高的速度，然后把这些高速电子当作"子弹"去撞击回旋加速器中的原子。

光波可以认为是由粒子（光子）组成的。如果光波由粒子组成，那么电子（通常被视为微小的粒子）流是否也具有波的行为？这个问题最早是由法国物理学家路易·德布罗意提出的，并且他在 1924 年给出的答案为"是"。

光展示其波性质的一个现象是干涉——当两个相似的波相遇的时候，振动交替和增强的现象，由此形成亮和暗的带或环。在德布罗意的观点提出数年之后，美国和英国的科学家们通过从一块金属晶体表面或在一块金属箔薄片分散电子得到了干涉图案。他们由此展示了电子波的存在。

光的另一个众所周知的属性是它可以被透镜聚焦从而制造光学仪器，如望远镜和显微镜。因为电子带有一个电荷（负），一束电子可以被一个磁场弯曲。围绕电子束的一个环形的电磁体可以被用来聚集电子流——正如使用透镜将光聚集一样。在电子显微镜中具有一系列这样工作的磁透镜，利用电子波的极短波长来产生物体。这些物体极微小，即使使用功能最强大的光学显微镜也无法看到高度放大的影像。

这些发现为量子理论提供了证据。在原子中定位一个电子的可能性可表示为一种波函数，该函数描述一个电子在给定轨道的状态，包括自旋、角动量和在空间中的可能位置等这些因素。例如在一个原子最内部（具有最低能量），电子角动量为 0，并且其位于原子核中心的球形轨道中。下一个最高能级的电子的角动量为 1，并且占据三个彼此以直角排列的哑铃形轨道。按照这种方式，波等同于概率（即电子在原子中的可能位置），这种概率反过来又定义了其形状。

使用这种被称为波动力学的结合理论现在有可能解释所有的物理现象：从白热化的原子的多彩光谱和激光的产生到接近绝对零度的时候，金属所表现出的超导现象。

尤其是特定元素发出的特征化的光（元素的光谱"指印"）与电子在吸收能量后变更轨道发出波（或光子）对应。这种解释最早是由尼尔斯·玻尔提出来的，并且在 1900 年被德国的物理学家马克思·普朗克第一次提出量子理论时采纳，量子理论对 20 世纪的物理学产生了极其巨大的影响。

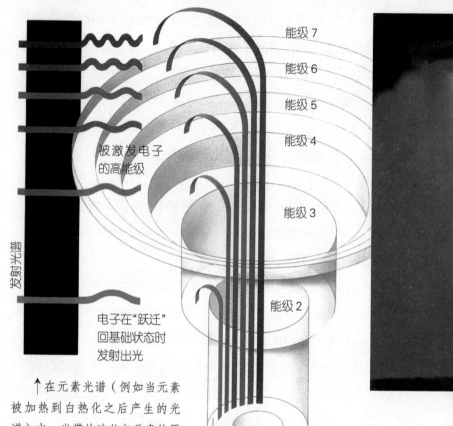

能级 7

能级 6

能级 5

能级 4

被激发电子
的高能级

能级 3

发射光谱

能级 2

电子在"跃迁"
回基础状态时
发射出光

能级 1

电子的基础
状态

核子

↑在元素光谱（例如当元素被加热到白热化之后产生的光谱）中，光带的波长与元素的原子在两个允许的能级之间跃迁时，光子释放出的能量相对应。最初，电子吸收能量（如热量），受激发，移动到更高的能级。随后这些受激发的电子又返回到它们的原始能级（它们的基本状态），此时它们的那些额外的能量就以光的光子形式出现。元素发射这些光子时的波长是元素的特征（图中所示的是氢元素的发射光谱），并且对光谱学的研究是化学中的一种重要分析工具，对天文学家分析确定物质中含有什么元素具有重要作用。元素吸收能量时的波长也具有类似的特性，这种现象就是所谓的元素吸收光谱。

←电子显微镜可以放大极其微小的物体，而这些物体对于功能最强大的光学显微镜来说都太小而无法被看到。另外，它们借助扫描技术也可以记录更大物体的细节，如左图所示的苍蝇。为了能够在显微镜下被"看到"，标本外面必须包裹一层金属，如远左图所示。

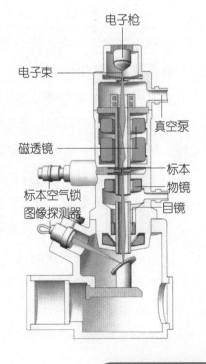

电子枪

电子束

真空泵

磁透镜

标本
物镜
目镜

标本空气锁
图像探测器

→光学显微镜的解析度受到光的波长（约等于 10^{-7} 米）的限制，为了观察到比这一范围更小的物体，科学家们使用电子显微镜。在电子显微镜中，电子束是极短波长（约等于 10^{-15} 米或者更短)的辐射。在光学显微镜中，光线被玻璃透镜所聚焦。但是由于电子是带有负电荷的粒子，它们在电子显微镜中是被环形的磁铁所聚焦。在仪器的内部，标本被放置于高真空中。由此得到的影像可能是物体的一段（一张传输显微照片）或一个三维的图像（一个扫描电子显微照片）。

量子物理学

当原子发射电磁辐射的时候（就如当金属原子被加热到白热点时发出光），这种辐射具有一个特征化的波长而不是一个能量的持续范围。当电子在由高能级的轨道向低能级的轨道跃迁的时候，就会发射出光。每次跃迁都会释放出一个光能量"包"，这些"包"被称为量子，等于两个原子轨道间的能量差。光量子就是所谓的光子，可以把光子看作一种静止质量为零，但是具有一定能量和动量的粒子。光子是以光速传播的。

德国物理学家马克思·普朗克在 1900 年提出了量子的概念。当量子理论对光电效应做出令人满意的解释的时候，这种理论才宣告形成并被大家所接受，因为利用光的波理论来解释光电效应的所有尝试都宣告失败。当光照射到特定材料的原子的时候，其撞击材料表面的一些电子，使其变得松散并且脱落。这需要一定量的能量，并且只有具有这些所需要的能量（或更多能量）的光子才能够使光电效应发生。被释放的电子的数量——光电电流的大小——取决于光的强度和频率。

许多以能量波描述的其他物理现象也可以被量子理论解释。但是不存在一种"正确的"理论——波理论和量子理论都可以被选择，这主要为了方便解释。

事实上，原子中的电子并不是如行星围绕太阳旋转那样沿

↑ 这幅长曝光运动水流的相片可以体现海森堡不确定原理：不可能同时知道一个运动中的亚原子粒子的精确位置和动量。为了确定其位置，粒子必须能够被照亮（被"看到"）。但是亮光辐射的光子将会撞击粒子并且改变其动量，从而使其从原来的位置移动到其他位置。

固定的圆形轨道围绕核子旋转的。量子理论所发展的一个更好的模型是认为电子占据空间中的一定区域，并且在某一时刻特定电子将在特定的位置出现有确定的概率。可能发现电子的区域被称为轨道。

在这里之所以引入概率（不确定性）这一概念是由于德国物理学家在沃纳·海森堡在 1927 年提出的一个原理：海森堡认为不可能同时知道一个电子的精确位置和动量。概率是一个数学概念，并且现代物理学家和化学家都使用概率函数来表达电子。这种方法就是所谓的量子力学。